このゴミは収集できません

滝沢秀一

角川文庫
23409

目次

はじめに

マシンガンズというお笑いコンビを始めて今年で二四年になる。

その間にいろいろなことがあった。

テレビに出させてもらったこともあるし、全国各地のイベントにも呼んでもらって漫才を披露したこともあった。

テレビでやったネタを披露すればお客さんが喜んでくれたこともあり、お金ももらえた。

お金をもらえる時期が長ければ長いほど良いが、そんな都合よく人生が進むはずもなく、やがて極貧になった。

これは困った。

困ってばかりいても金は入ってこないので考えるが、考えてみたところで漫才の仕事は入ってこない。

こんな具合に僕の芸能生活のほとんどがいわゆる〝売れていない〟状態で、今年四六歳になる。

早いものだ。自分がまさか四〇歳を超える日が来るなんて露ほども思わなかったが、気づけば四〇歳とプラス六歳。

浮かれてばかりいられぬ年齢になり、人生でやらなければならないこともつきまとう。

三六歳の時、嫁に金を持ってこいと言われた。

子どもができたからだった。

いくらだ？　と聞くと、四〇万円だと言う。

僕はその場で小便をチビりそうになって、震える声でそんなに大金が必要なのか？　と聞くと、請求書のような殴り書きの内訳を突きつけてきた。

まけられないかと聞くと、まけられないと言う。ではこれとこれを何とかカットできないか？　と交渉してみるが、びた一文まけないと嫁は凄んできた。まるで闇金業者の取り立てのような口調だったので、僕は震え上がった。

すぐに携帯片手に目ぼしいバイト募集のページをあさるが、どこの募集も三五歳までと書いてある。

僕は世の中のことを何もわかっていなかった。

三五歳を超えるとバイトすらないなんて、義務教育で教わらなかった。高等教育の大学でも教えてくれなかった。

いくつか年齢不問というバイト募集のページをブックマークし、片っ端から電話を掛けてみた。

忘れもしない九社だ。すべて断られた。

不問と言っていたのは大嘘で、きっちり年齢を聞かれて断られた。

今考えれば、理由がわからなくはない。ちょっとでも条件の良いものを選ぼうとしていたのが、敗因だった。条件が良いものであれば、条件の良い人が応募してくる。僕みたいに三五歳を超えて、出勤できる日とできない日がある人間なんて生意気だと思われたのだろう。甘かった。完全に調子に乗っていた。馬鹿だった。

僕は目の前が真っ暗になり、世界は僕を受け入れてくれないと訳のわからないことを叫び、両手、両膝を畳に擦りつけ嘆いて嫁をチラ見した。

こうやって努力はしているんだけど、報われないだけなんだよとアピールをした。許してくれなかった。

「三月までに四〇万持ってこい」

そこそこ怒っていた。嫁が萬田銀次郎に見えた。

仕方がないので、芸人仲間がやっているバイトに潜り込もうという作戦を打ち出して、電話を掛けまくった。ついでに闇営業*はないかとも聞いてみた。

「いや、俺だってクビになりそうなんだから紹介なんて無理だよ」

「俺の入っているパン工場は不定期でさ。俺もたまにシフトカットされるんだ」

「車の免許があればすぐにでもできるよ」

「闇営業があるなら俺だって欲しいよ」

頼りにならない芸人仲間にがっかりした。車の免許なんて持っているはずないだろ？ 俺は世の中の大概のことはできないんだぞとブチ切れ、彼らに呆れた。闇営業のひとつも持っていない。

何でもやるって言ってるじゃんと独り言を言っては、あぐらをかいて唸ってみた。電気も点けないで唸って嫁にアピールしてみたが、やはり許してくれなかった。

いよいよ、これまでか？ 芸人を廃業しなければちゃんと職には就けないか？ 週六、体を空けないと雇ってくれないか？ としばらく唸りながら瞑想していると、ある名案が浮かんだ。

芸人を辞めた奴なら何か仕事をしているはず。そしてそいつからお笑いをやっていると口利きしてもらって、休みをもらいながら働かせてもらおうという考えだ。逆の立場に立ってみよう。初対面の人間にお笑いもやりたいから休みが欲しいと言われたら、僕だったら落とす。しかしきちんと働いている友人の口利きがあれば、信頼も多少はあるはず。かくなる上は他力本願。

僕はグループ分けしてある元芸人の電話帳をあさり、芸人時代、仲が良かった人間の番号に目を止めた。

「おぉ、久し振り。どうしたの？」

「仕事何やってるの？」

「なんだよ、いきなり」

「仕事だよ、仕事」

「え？　ゴミ清掃だけど」

「それって俺できる？」

「できるよ」

「え！　できる!?　本当に？　できるの？　嘘じゃない？」

「嘘じゃないよ。やる？」

「本当に？　でも俺、車の免許ないよ」

「なくたってできるよ」

「三六歳だけど平気？」

「平気だよ。もっと歳上の人も入ってくるし」

「お笑いは続けるよ」

「うん、やれば」

「念のために聞くけど、闇営業はない？」

「ないよ」

「そっか。仕事なんだけど、その～あんまりハードなのは嫌だよ」

「何なの？　やるの？　やらないの？」

「やるやる。ところでゴミ清掃って何？」

これが僕とゴミ清掃の出会いだった。

＊

僕は現在、一〇歳の息子と六歳の娘の二児の父親となり、ゴミ清掃員として働きながら、まだお笑い活動もしています。

ゴミ清掃業は、三六歳の僕でも即採用してくれるほど懐の深い業界で、本当に様々な人が働いてお世話になっている。

僕が経験してきたことを通して、ゴミ清掃の世界について、ここでお話しさせていただきたいと思います。

この本を読んだ後、きっとあなたはちょっとだけ、本当にちょっとだけゴミ出しのことを考えるようになると思います。

＊所属事務所を通さずに芸能活動を行うこと。

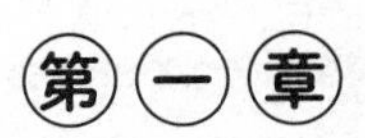

ゴミ清掃員はつぶやく

01

#ゴミ清掃員の日常

通学路を通ると「くせーから早く行けぇ」と悪態をつく小学生は珍しくないが、中には「とってもいい臭いだね〜」と嫌味を覚えた小学生もいる。

02

#ゴミ清掃員の日常

今日の段ボール回収は、やたら箱のまま出されているのが多かった。大きな箱の中にたたんでいない小さな箱がそのまま、その中にまた小さな箱とマトリョーシカ風になっているのが多くて、キ――！

※段ボールはたたんで、まとめてひもでしばって出してください。

03

#ゴミ清掃員の日常

雨と風の重なる日のペットボトル回収は、まるで生き物のように動き回るので、うなぎを相手にしているようだ。

04

#ゴミ清掃員の日常

清掃車と集積所の間が少しでも空こうものなら、無音で自転車が突っ込んでくる。あいつらは凶器だ！

05
#ゴミ清掃員の日常

どんだけAV買い込んだんだよ！　そんで何でこんなにいっぺんに捨てようと思ったんだよ⁉　同棲でも始めるの？　まぁ回収するけど。

06

#ゴミ清掃員の日常

ビン１本ぐらいわからないだろうと可燃ゴミに入れている人がいるが、１年も働けば持った瞬間、音と重みですぐわかる。

07

#ゴミ清掃員の日常

保育園の前で園児に手を振る清掃員は多い。園児がキャーキャー言ってくれるからヒーローになれた気がする。

#ゴミ清掃員の日常

ペットボトル回収でブラが入っていたことがあった。間違えたんじゃなくてわざと入れて、驚く僕をどこかで覗(のぞ)き見して笑っていたのではないかと思う。

#ゴミ清掃員の日常

ゴミ回収中に中学生カップルに遭遇すると、まぶしくて見られないときがある。

10
#ゴミ清掃員の日常

粗大ゴミ回収でバランスボールを積むと、荷台でコロコロ転がり、バランスが悪い。

11
#ゴミ清掃員の日常

粗大ゴミ回収のときに、ガラスケースに入った人形がオンパレードで出てくると、やっぱり怖い。

12

#ゴミ清掃員の日常

ゴミを出し忘れたと走ってくる人はかわいいものだが、たまに自転車で追ってくる人がいる。自転車で追ってくる人はそれでもまだかわいい方だ。ごくたまに車で追ってくる人がいる。そこまでの執念があるならば、なぜほんの少し早起きできなかったのか？

13

#ゴミ清掃員の日常

ノーばかり言う外国人清掃員がいるので、感性が違うんだなと異文化を味わっていたら、後々ただの変わり者だったと判明した。

14

#ゴミ清掃員の日常

生ゴミを新聞でくるんで出しているお宅は、きっとおばあちゃんが台所に立っている。

15

#ゴミ清掃員の日常

濡れた畳の重さを皆にも味わってほしい。

16

#ゴミ清掃員の日常

清掃事務所の喫煙所では、壁に寄っ掛かって休憩するのが癖なのだが、実はその壁と思っていたものは巨大冷蔵庫で、しかも動物の死骸保管用だったとは夢にも思わなかった。

17

#ゴミ清掃員の日常

不燃ゴミ回収中に、子どものおもちゃがよく誤作動で動くのだが、回転板に飲み込まれていく悲しい歌は聞いてられない。

18

#ゴミ清掃員の日常

粗大ゴミの積み方はテトリスみたいで楽しめる。ここが重くなって片寄るから、あっちに電子レンジを置こうとか。

19

#ゴミ清掃員の日常

早朝の歌舞伎町でのゴミ回収中、ホストと風俗嬢がケンカしているのをよく見る。別に構わないが、集積所の前だけはやめてほしい。

20

#ゴミ清掃員の日常

運転手のリズム感ともう一人の清掃員との相性次第では、「いつまでも回収し続けられるわ」というゾーンに入ることがある。

21

#ゴミ清掃員の日常

集積所で清掃員が回収しているのを、遠くから仁王立ちして見つめるおじいちゃんがいる。

22

#ゴミ清掃員の日常

ルール違反ではないが、小さなビニール袋でいっぱいゴミを出されると、何回もかがまなければならないので大変だ。しかし、中にはこうやって結んで出してくれる住人様がいて、神かと思う。

23
#ゴミ清掃員の日常

今日、初めてゴミ清掃をやるギニア人が「もったいない、もったいない」と言いながら回収している。

24

#ゴミ清掃員の日常

いっこうに俺になれない犬がいる。

25
#ゴミ清掃員の日常

**テンガをペットボトルで捨てるなよ！
これは可燃ゴミだ！**

※６年間で３度ほどあった。

26

#ゴミ清掃員の日常

清掃車とすれ違う時、手を上げて挨拶するのだが、休みの日でも癖で手を上げてしまい、恥ずかしい思いをする。

27
#ゴミ清掃員の日常

清掃員同士で、お互いにあのゴミは任せようと思うと危うく取り損ないそうになる。じゃ、オレがと歩み寄ると二人して近づく。

28

#ゴミ清掃員の日常

ゴミ箱のゴミを出されると、ゴミ容器として使っているのか、ゴミとして出しているのか判別に困る。

29
#ゴミ清掃員の日常

キャバクラのゴミを回収したらフラフープが出てきた。一体どんなイベントが行われたのだろう？

30
#ゴミ清掃員の日常

可燃ゴミの中にサンマの骨を見た。
仕事からの帰り道、ついサンマを買ってしまった。

31
#ゴミ清掃員の日常

たまに勝手に集積所を作る人がいる。職員を含めて誰も知らないという怪談のような集積所だ。

※ 届け出がないと回収しません。

32

#ゴミ清掃員の日常

見過ごしたゴミに気づいた清掃員は、救世主のような扱いをされる。

33
#ゴミ清掃員の日常

鍋を缶で出すんじゃねぇ！

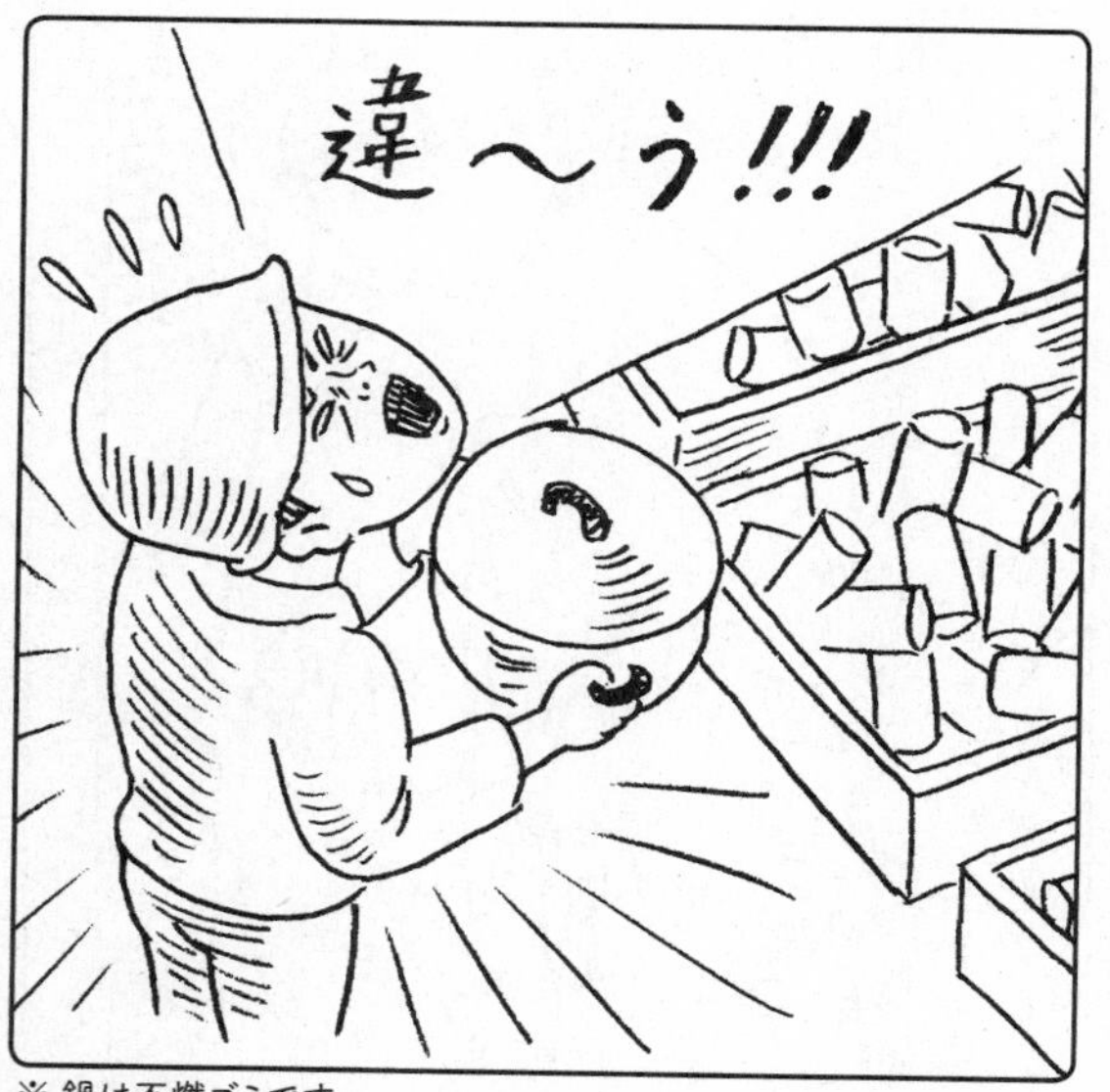

※ 鍋は不燃ゴミです。

34

#ゴミ清掃員の日常

ビーズクッションは緊張する。回転板にまかれて破裂すると、中の細かいビーズが飛び出て、道路に散らばったそれは回収不可能。業界では爆弾と呼ばれている。

35

#ゴミ清掃員の日常

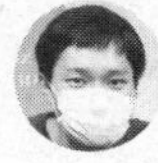

おじいちゃん清掃員のダッシュが速いと焦る。

36

#ゴミ清掃員の日常

中身が入ったまま捨てられているビンはよくあるが、一番多いのはオリーブの実。主婦がはりきって料理をしたが、その後持て余したのが目に浮かぶ。

37
#ゴミ清掃員の日常

『指定時間以外のゴミ出し禁止』と血文字のような看板を見ると、清掃員の僕らまでぎょっとする。

38

#ゴミ清掃員の日常

赤信号で清掃車同士が並ぶと、互いにからかい合ってキャッキャッ言っている。

39
#ゴミ清掃員の日常

ペットボトル回収をしていると、１年に数回、水筒が一緒に捨てられているのを見かける。怒っているとかじゃなくて、本当にどういう理屈なのかを知りたい。飲みものつながりで、水筒はペットボトルの日だと思ったのか？

40

#ゴミ清掃員の日常

『ヤッターマン』みたいに後ろに乗るタイプの清掃車に、一度は乗ってみたかった。

※日本の道路交通法では違法です。

41

#ゴミ清掃員の日常

とうとう母親まで、僕に分別のことを電話で聞いてくるようになった。

第二章

ゴミ清掃員プロファイラー

無防備すぎるゴミ

僕はこの仕事を始めてすぐにシュレッダーを買った。

なぜなら、ゴミには沢山の個人情報が盛り込まれているからだ。

ゴミは生活の縮図。

始めて数カ月も経つと、自然とゴミから生活が読み取れるようになった。

わざわざ袋を破ったりはしないが、回転板が回れば、ゴミの袋は破けて中から生活の一部がにじみ出る。一日数百個の様々な可燃ゴミを見ていて、同じようなゴミが出てくると、それが傾向。傾向と違うものが出てくればそれが個性。

一〇年間、そんなふうに眺めていた。

かくして僕はなりたくもないゴミプロファイラーになってしまったのだった。

まず第一に思うことは、ほとんどの人はゴミに対して無防備過ぎるということだ。

携帯電話の請求書、電気料金、宅配便の宛先、DM等をそのまま捨てる。

そのまま捨てたゴミは、その人のものだと特定できる。

ゴミ清掃員にとってはもちろん関係ないが、警察では犯人と思われる人をマークすると、まずゴミから生活パターンを分析するとどこかで聞いた覚えがある。例えば、コンビニのレシートを集めて、だいたいこの時間が帰宅時間だと把握するらしい。レシートには時刻が打たれている。

これを読んでいる皆さんは、もちろん犯罪とは無縁の方々だと思われるが、これがストーカーだったら恐ろしい。まさか自分がと思うかもしれないが、ストーカーなどという異形な者は人知れずに行動しているので、されている方は自覚がないものである。

現に回収中に、何だこのゴミはというのが、極まれにある。結び口じゃないところが破かれていて、また結ばれている。単なる考えすぎで、ゴミを出した住人が、後から追加でゴミ袋に入れようとしたが、結び目が固くて他のところを開けただけかもしれない。

単なる想像でしかないのだが、そんなことを考えると恐ろしくて、僕はストーカーが主人公のホラー小説を一本書き上げてしまったほど震え上がった。それと同時にシュレッダーを買った。

はじけとぶ「ずっと友達」

人生を感じられるのもゴミである。

カップルの写真が大量に出てくる。

あー、別れたんだなと思う。もしくは新しい彼氏でもできたかな？　と思ってしまう。

現在進行形で付き合っていたら捨てる理由がわからない。ゴミというのは必要ない、家にあったら都合が悪いものという意味合いがあるので、真実はわからないにせよ、何かしらの理由を持つ。

そうそう。プリクラなんかもよく出てくる。

回転板に挟まれた袋が弾けて、パーンという音と共に飛び出してきたのは、何枚ものプリクラ。道路に散らばったプリクラを拾い集めていると、女の子二人が写ってい て、「ずっと友達」みたいなことを書いてあるのが目に入って笑ってしまった。ずっと友達のプリクラを、ものの見事に捨てている。まぁそんなものよねと、人間関係の儚さをゴミの回収中に感じることになるとは思わなかった。心なしかパーンと弾けて飛んだプリクラは、ゴミに紛れる前の最後の抵抗のようにも見えて、諸行無常の響きありとつぶやいたほどであった。

男のゴミ、女のゴミ

回収する量が多いので、いつもそんなことを考えながら作業をしている訳ではないが、家族のゴミではなく一人暮らしのゴミであれば、だいたい男性のものか女性のものかくらいは容易に判別できる。

単純に、男性は男性の物を使うし、女性は女性の物を使うからだ。

詰め替え用のトニックシャンプーのパッケージが出てきたら大概は男性だし、つけまつげが出てきたら女性である。

男性の一人暮らしのゴミはカップラーメンや牛丼の空き容器が多く、マンガ雑誌も分別せずに入れる。果物の皮などは滅多になく、会社の資料も、シュレッダーに掛けずにそのまま捨てる。

そして、男性はあまり詰め込まず、女性は袋いっぱいにゴミを出す。ちなみに、袋にパンパンに詰め込むのは家庭のゴミ。単純に人数が多い所以(ゆえん)だろう。

男性よりも女性の方が袋にゴミを多く入れるのは、きっと女性の方が商品を消費しているからだろう。

男性は決まったルーティーンで生活に必要な商品だけ消費するが、女性はいろいろな商品に興味があって、それだけ消費を楽しんでいるように思う。ＤＭのようなものが出てくるのも女性の方が多い。

これは最近気づいたのだが、リア充な女性ほどゴミは家庭的ではない。あるゴミ袋から女性誌が出てきた。まだ綺麗な洋服と使いかけの化粧品も入っていた。

恐らくこのゴミは女性のものだが、違和感があった。他のゴミとの違いは何だろうな？　と考えると、ある答えにたどり着いた。

生ゴミが全くない。野菜の切れ端どころかスーパーの惣菜やコンビニで買える食べ物など食の形跡がなかったのである。

ということは全てが外食であって、家に居ることが少ないのであろう。もしくは彼氏の家で半同棲などしていて、あまり帰っていないのかもしれない。

家に長く居ればどうしても食事はする。外が楽しくなければ家に帰ってくるはずで、外に居ても苦痛じゃないから帰ってこないのだろう。

それに綺麗な洋服を捨てるということは次々に洋服を変えているということ。金銭的にもそんなに地味な生活は送っていない。使いかけの化粧品も新しいものがなければ捨てないので、合わない、飽きた等で捨てられるなら、消費を楽しんでいる証拠だ。

その他にヘアピンやらヘアースプレー缶やら本来は不燃で出さなければならないものも詰め込んでおり、どんな女性で、どんなリア充な生活を送っているのかは知らないが、雑でルーズな女だと思いながら、きっちり仕分けて不燃はゴミボックスに置いていった。

ゴミは嘘をつかない

むかーしの記憶を掘り起こしてみる。

僕が二〇代の頃、自称家庭的だと言う派手な女性の家で、みんなで鍋(なべ)パーティーをやることになった。家使っていいよと言うその子の家には、調味料が何もなかった。家庭的だと言っていたのに、調味料どころか冷蔵庫には酒以外何も入っていなかった。ここはウィークリーマンションか何かで一時的に仮住まいでもしているのかね？　と尋ねたところ、家にほとんど居ないから必要ないと、意外と私、家庭的なの〜と言っていた同じ口で、悪びれもせずに堂々と言っていた。その言いっぷりは、パンがなければお菓子を食べればいいじゃないと宣った（＊実際は異なる／編集部）マリー・アントワネットと同じ口調だったと言われている。自称家庭的のその女性は、飲み終えた酒の空き缶、ビンを、燃えるゴミにポイポイ捨てていた記憶が甦った。

　これを現代版に当てはめてみれば、きっと外ではインスタ映えする写真とかを撮ってはSNSにアップし、かわいいだとか綺麗ぃーなんてつぶやき、ご機嫌取りの男が、いいね！　や羨ましいーなんてコメントをして群がっている。しかし、リア充の陰には、ゴミを分別できない雑でルーズな女がいると誰が知ろう？　……と作業中の疲労を紛らわせるために勝手に空想をしながら、瀬戸内寂聴さんの「おしゃれの女は、掃除が下手と見て、だいたいまちがいない」（＊『愛の倫理』瀬戸内晴美（寂聴）より）という言葉を思い出す。別に良いのだろうけど。全員が当てはまる訳ではないのだろうけど。

　しかしながらこれだけは言える。

　ゴミは嘘をつかない。

えのきバター専門店!?

勝手に空想できるゴミがある一方、全くもって理解不能のゴミも世の中にある。物語が全く読めないのである。

高級住宅街の可燃ゴミを回収していた一二月の中頃のある日。妙に重いゴミが家庭から出された。

ポリバケツからなかなか出てこないそのゴミを持った瞬間、僕は汁系か？　と予測した。ラーメン屋などの飲食店が事業シールを貼って出すゴミによくある重みだ。

しかしここは住宅街。一等地とは言わずともそれなりの高級住宅街。一軒家ばかりが並ぶこの場所で居酒屋のゴミのような物が出てくるのは不自然だ。

うーんと唸りながら持ち上げるが、無理に持ち上げると袋が破けてしまう。僕はもう一人の清掃員に声を掛け、一緒に持ち上げてくれと頼んだ。

僕ら二人はポリバケツの底を持ち、せーのと掛け声を掛け、持ち上げひっくり返した。

ビチャ――――ッ！

ひっくり返した時に破けた袋からは、得体のしれない茶色とも白ともいえる物体が粘りのある液体と共に広がっている。

「何だろう？　これ？」

「……えのきバターですか？」
「えのきバター!?」
「そんな匂いしません？　それにこれ大量のえのきですよ」
もう一人の清掃員に言われ、よく見るとやっと目の焦点が合った。えのきだった。
確かにバターのような匂いもしている。
「なんでこんなに大量にえのきバターが……」
「いや、僕にもわかんないっす。なんすか？　気味悪いっすね」
確かにもう一人の作業員の言う通り気味が悪い。
飲食店からこのゴミが出てくるのはわかる。いやそれでも少し不可解だ。から揚げ専門店のようなニュアンスで、えのきバター専門店なら話はわかる。今日は客が入らなかったから、勿体ないが廃棄しよう。そしてまた明日、新鮮なえのきを買いつけて、気持ちをリフレッシュして頑張ろうというような量である。九〇リットルのポリバケ
ツいっぱいにえのきバターが詰め込まれていた。ちょっと大袈裟かもしれない。この
量であれば、えのきバター専門店としてやっていくには少々量が足りないかもしれな
い。ひょっとして一日もたせるためにはもう少し量が必要なのかとも思ったが、ある
程度売り上げをあげてから残ったものを廃棄しているのかもしれない。この家の持ち

主はえのきバター専門店の店主で、何らかの理由で、大量のえのきバターを持ち帰り、家庭ゴミとして出したに違いない。そうだ、きっとそうに違いないと思ったところで、我に返った。

えのきバター専門店って何だよ⁉

あまりにも目の前の物が現実離れしているものだったので、僕の思考回路も現実離れしてしまった。

全く読み取れない。時期的にも一二月中旬で、クリスマスパーティーにしてもちと早いし、ハロウィーンパーティーにしては、遅い。どちらにせよ、えのきバターでお祝いするなんて聞いたことない。

ホームパーティーで色々な食べ物が捨てられているならわかるが、えのきバターだけを食すパーティーがあるならば、それはきっと口外禁止、他言無用の秘密のパーティーに違いない。

結局、もう一人の清掃員と、金持ちの考えていることはわかんねぇなという結論にして、考えるのを止めた。

死ぬ前に捨てたい……

大量といえばこんなこともあった。ある老朽化して、ひっそりとした団地。そんなに人が住んでいないのはゴミの量を見ればわかる。きっと今住んでいる人が全員引っ越せば取り壊すのだろう。ひびの入った壁には白い補修のセメントが塗り込められ、それが数え切れない程。

その日は不燃ゴミ回収だった。

団地の集積所には規則性があり、テンポよく不燃ゴミを回収していた。ポンポンと清掃車の後ろに不燃ゴミを入れていたところ、カン、バラバラバラという音が聞こえた。不燃ゴミはだいたいそんな音がするのだが、その時はなぜか、何が袋から飛び出したのかなと見てみた。第六感というやつかもしれない。

そこには大量の様々な形のバイブ。

大きいのやら小型のやら太いのやら不規則性のあるものやら、約二〇本。目を疑った。ちょっとした大人のおもちゃ屋よりもよっぽど品揃えが豊富である。若者が住んでいるような場所には思えない。まさか不燃ゴミを回収していて、老人

グランデ？
レギュラー？
ショート
レギュラー
グランデ
えのきバター

の性について考えることになるとは思わなかった。いや、その前にまず捨て方！　投げたらすぐに破けるようなビニール袋一枚でなんて、デリカシーのない捨て方のように思える。そういうのはなるべく見られない方が好ましいのではないかと僕はつぶやいた。捨てるなら何重にもビニール袋をかぶせた方がいいのではないかと思う。それと量。何でそんなに何本も必要なの？　修行？　何かの修行をなされているのか？じゃ何でこのタイミングで捨てるんだよ？　修行が終わったの？　じゃ、性の悟りを開いた訳だ。性の悟りって何？　いや、違う。きっとあれだ。途中からフィギュアを集めるようにコレクション趣味になって、集めることに意味があるようになってしまったのだろう。でもどうやって？　まさかお店に行って買っている訳ではないだろう。だとするとインターネット？　だったら感覚が若い。男も女も難しいことを覚えるには、エロが壁を突破する原動力になると言われているのも頷ける。でもせっかく集めたのに捨てちゃっていいの？　勿体なくない？　と、ここまで書いて今気づいた。

終活だ。

死んで大量のバイブが部屋から出てきたら死んでも死にきれないと思ったのではないだろうか？　勝手な予想だが。

やはりゴミには人生を感じる。

ある日の滝沢さん

今日は嫁に分別を教えた。ゴミ清掃をやる前は嫁にゴミ指導をされていたのに、今では逆転した。

第三章

嘘に翻弄（ほんろう）されるゴミ清掃員

後出しはダメよ

きっとこれは全国の清掃員の総意、全会一致、もし集まれば清掃員が大合唱するだろう案件で、かつ表立って言えないものだから、僭越ながら僕が代表して言わせていただきたい。

ウソのクレームだけは勘弁してほしい。

これはもう、本当に、いやはや……心の底から、お願い申し上げたい。

いやね、わかるんですよ。もちろん。

誰だって生ゴミが入っている可燃ゴミを家に置いておきたくはないし、出し忘れたゴミがなくなったらスッキリするということは。夏だったらコバエは湧くし、ゴキブリも寄ってくる。臭いだって心地の良いものではないとなれば、ウソをついたって持っていってほしいという気持ちは重々わかります。重々わかりますが、清掃事務所に電話して怒鳴ることはないじゃないですか？

そりゃ事務員だって驚きますよ。

「滝沢君、あそこの○番地の○○さん、どうなっているの？　回収した？」

「はい、あそこでしたらいつも通り一〇時前後に取ってますよ」

「だよね、だよね？　でも怒っているんだよ。電話口で。朝一で出したのにウチのだけ取りに来てないって絶叫しているんだよ」

「絶叫ですか？」

「うん、音が割れるくらいの勢いで」

「マジっすか？」

「うん、悪りぃけど」

そう言われたら仕方がない。還暦も手前の大人が電話口でガタガタ震えている。それを突っぱねるほど、冷酷な人間には育てられていないので、言いたいことはゴクンと飲み込んで、作業を中断して清掃車で向かう他、選択肢がない。

道中、運転手ともう一人の作業員三人で、あの通りは確実に回収したよな？　左サイドだから僕ですが、間違いなく取ったと思いますよと確認し合いながら、現場に到着。

すると案の定。

その通りにある集積所のゴミは全て回収しているのに、クレームのあった家だけゴミがポツン。

「ぜってー、後から出してるじゃん」

「そうだよ、こんな目立つところにあって、ここだけ回収しないなんてねぇよな？」

「いや、俺覚えてます。ここは朝何も出ていなかったです」

「だよな？　三人いて三人見落とす訳がねぇんだから」

みんなでブーブー言いながらもゴミを回収して、清掃事務所に報告をする。

「やっぱり後出しだった？」

「はい、間違いなく回収した後に出したものです」

どうしてここまで確信を持って言えるかというと、どの清掃員も全ての集積所を覚えているからだ。

ウソのような話だが、ゴミを取ったかどうかは集積所を見れば、思い出すような脳になっている。

可燃ゴミであれば、毎週二回（例えば月曜と木曜）同じコースのゴミをずっと回収し続けているのだから、嫌でも集積所は全て覚えてしまう。回収しながら無意識に次の集積所のことを考えているほどなので、別のことを考えながらでも勝手に体が次の集積所に向かうほど、染み込んでいる。

もちろん清掃員も人間だから、ゴミを見落として回収し忘れることもある。何かの死角になっていたり、似たようなポリバケツが並んでいると、すでに回収したと勘違いして飛ばしてしまうこともある。

その場合はクレームを受けて回収しに行くと、あーこれは今日取り損なっていたわ、ほんとすみませんと心の中で謝罪しつつ、ここは見落とす可能性があるから次回から気をつけようと肝に銘じる。こういうことを週二回繰り返しているのだ。

住所を聞いてもすぐには頭に思い浮かばないが、集積所を見れば回収した時の自分の絵が頭に思い浮かぶように叩き込まれている。

申し訳なさそうなゴミ

中には「気」でわかるという清掃員もいた。

オカルトチックで本当かどうかわからないが、朝から置かれているゴミとさっき置かれたゴミとでは、ゴミの放つ「気」が違うと言う。朝から置かれたゴミはドーンとしていて、今さっき置かれたゴミは申し訳なさそうにそこにいる、と。さすがに吹き出しそうになったが、まんざらわからないでもないと思うのも、僕もゴミ清掃にすっかりどっぷりの証拠。後出しのゴミには、何か違和感があるのだ。

記憶だけに頼るのも、出した出していないの水掛け論になってしまうので、状況からその違和感が何かと紐解いてみる。

毎回そんなことを考えている訳ではないが、例えば朝から雨が降っていたとする。一〇時頃に雨がやみ、晴れたとしましょう。そこで午後にクレームが入ったとします。朝一でゴミを出したのに取り残して行っちまったよ、早く取りに来いよとクレームが入る。仕方がなく戻って、ゴミを握った時に違和感を感じる。

あれ、何だろう？　この違和感？　あー、そっか。そうだね。

このゴミ濡れてない！

一〇時くらいまで雨が降っていたから、少なくとも一〇時以降に出されたゴミだ。朝一っていうのはウソだ！　と気づいてしまうのです。人をコナンみたいに推理させるなよ！　こっちは頭脳も大人、見た目もおじさんなんだから無茶言わないでくれよ。

透明マントで消していたとでも⁉

こんなこともあった。その日粗大ゴミ回収の車に乗った。

粗大ゴミは一日に大体八〇件から一〇〇件（地域や時期による）のお宅に伺う。事前に申し込んで、シールを貼ってあれば、自宅の前まで行って回収する。それを一日一〇〇件弱こなさなければならない。

だから粗大ゴミの場合は担当者が前日から地図を眺めて、どのように道を回れば効率よく回収できるかを考えて、地図にコースを書き込む。

申し込んだ人が皆、粗大ゴミを前日なり当日の朝までに出しておいてくれれば、ポンポン回収できるが、たまに出し忘れる人がいる。まぁ、それはいい。電話の申し込みから数日経っているから、忘れてしまうのもわからないでもない。よくあることだ。

粗大ゴミが出ていないと呼び鈴を押して、住人が居ないときには電話をする。留守電になった場合は、品物がなかったから回収できなかったというお知らせの紙をポストに入れ、次の回収場所に向かう。

しばらくするとセンターから電話が鳴る。

「朝から出してたって言うんだよ」

「あー、このお宅ですか？　いや三人で確認したので、間違えないですよ。どこにもランニングマシーンなんてなかったっすよ」

「だよな。そんなでっかいもの見落とす訳ないよな？　でも怒鳴っていたから悪いけど、行ってくれる？」

「怒鳴っているんすか？」

行ってみるとそりゃもう堂々と、あたかも始めから居ましたよと、うそぶきながら口笛を吹いているかのように見えるランニングマシーンがふてぶてしく置かれているのだ。憎たらしいったらありゃしない。こんなでかいものが置かれていたら、すぐに気づくわ。猿が回収に行っている訳じゃねぇんだよ！　人間三人が回収しに行っているんだから、三人が見落とすはずないんだよ。透明マントでもかぶせてたんか？　ドラえもんの透明マントでもかぶせておいたけど、それが風で飛んでいったとでも言うのなら僕も納得するが、その場合はドラえもんを出してもらおうじゃないか！　っていうかドラえもんが出てきたとしても何故透明マントをかぶせたのか？　どのような意図でかぶせたのか？　今後もやっていくのか？　たまにであればどのくらいのペースでかぶせていくのか？　なぜ君の家のドラえもんは意地悪なのか？　を確認させてもらうからな！　と、ぶつけどころのない怒りを訳のわからないツッコミで解消しなくてはやってられないのである。

八時までにお願いします

なぜこんなにも後出しされると困るのかと言うと、単純にその分、帰りが遅くなるからだ。

回収しなければならない地域というのは狭い範囲ではない。割り振られた地域の端っこの人がゴミを後出ししたとしよう。その時、逆側の端っこを回収中だったら、作業を中断して取りに行くのに二〇分から三〇分かかる。それが往復。つまり四〇分から一時間、帰りが遅くなるのだ。

だから取りこぼしが絶対ないように作業員二人で確認し、運転手もこのポリバケツは取った？　とわざわざ口に出して、細心の注意を払ってその場を離れる。一人のミスが他の二人に迷惑を掛けることになるので、指で確認し、口に出してヨシと言うように心掛け、不安になればもう一度戻って確認することもある。

そこまで慎重に、慎重に作業をすすめて、取り漏れが無いよう無事一日を過ごすために三人協力して仕事をしているのに、あ、寝坊した、朝から出していたのに取りに来なかったことにしようとウソをついて、電話されたらたまらない。

自分達のミスであれば、住民様申し訳ありませんでしたと素直に言える。しかし、ウソで苦情を言われると困る。保育園に迎えに行くと言っていたのに、遅れそうだから連絡を入れなければならない……と嘆いていた、いつかの運転手が可哀想（かわいそう）でならなかった。僕だってそれでお笑いのライブに遅れたことがある。

　生ゴミだってごめんなのに、段ボールを取りに来いと言う人もいる。行ってみたらペットボトル二本ということもあった。腐らないじゃないか。次回の回収で良いではないかとバックミラーに映る自分を見たら、苦い虫を噛み潰しているような顔をしていた。

「いつもは一〇時に取りに来るのに、今日は九時五〇分に回収していっちまったよ。勘弁してくれよ」という人もいる。いやいやいや、そもそも八時までなんですよ、ごめんなさい。勘弁してほしいのは僕の方です。頭下げて取りに行かなくて済むのならばいくらでも頭下げますよ。勘弁してくださいと手を擦り合わせて許されるのならば煙が出るまで、いや火が出るまで手を擦り合わせます。泣いて済むのならば湖になるまで泣きますよ。あれは滝沢の涙でできあがった湖、伝説の滝沢湖と語り継がれるようになるまで泣いたっていいっすよ。

　だから、だから本当に朝、八時までにお願いします。申し訳ないですが、ウソ苦情は必ずわかります。

　これ以上お願いすると本当に擦り合わせた手から火が出てくるので、この辺で勘弁してください……。

第四章

事件です!! ゴミ清掃員

豹変(ひょうへん)おばちゃん

前章ではまだ理屈のわかるクレームだったが、今回お話しするのは理不尽シリーズ。理解不能、整合性がない、道理なし、ある種の闇すら感じるクレームをこの六年間、ゴミ清掃員の先輩方に聞きまくった。その中から、印象に残ったミステリアスなものをご紹介したいと思う。

まず初めは『豹変おばちゃん』をご紹介。

そのおばちゃんは優しかったという。

いつも集積所で清掃車が来るのを待っていて「いつもありがとうねぇ〜」と言って、出迎えてくれていたそうだ。また、回収が終わると笑顔で「今日は暑いけど頑張ってね」と労(ねぎら)いの言葉まで掛けてくれていたそうな。

清掃員の先輩も何と気持ちのいい会話をしてくれる方なのだろうと心の中で感謝をしていた。

だがある日、そのおばちゃんの態度が豹変した。

「いつも悪いわねぇ」

「いえいえ、仕事なので大丈夫ですよ」と先輩清掃員が笑顔で答えると、おばちゃんがヒソヒソ話をするように顔を近づけてきて、耳を貸せと言う。

「悪いんだけどね、これも持っていってくれない?」と何かが入っているビニール袋をカシャカシャさせて突き出してくる。見ると袋いっぱいの缶。

「ごめんなさい。この車、可燃ゴミなので、缶は持っていけないんですよ」と先輩清掃員は手の平を合わせて、ごめんなさいのジェスチャー。

その時のおばちゃんの表情は一生忘れないという。

断られたことがよほどショックだったのか唇をワナワナさせ、白髪交じりの前髪から覗く目は涙で濡れていた。しかしそんな顔をされても仕方がない。持っていけないものは持っていけないのだ。

「えーっと、この地区だったら缶は金曜……」

「同じゴミ屋だろうがぁぁぁぁぁ――!」

白昼に響き渡る初老の女の声はアスファルトに叩きつけられ、鳥が飛び上がったとか飛び上がってないとか。

先輩清掃員が、目の前で見ているのは夢ではないかと錯角するほどの豹変ぶりで、グレムリンに水を掛けてしまったのかと思ったという。

「いいから持っていけよぉぉ――」。さらに突き出してくる缶入りビニール袋から遠ざかるために海老のように後退し、謝りながら清掃車に乗り込んで逃げてしまったらしい。

先輩清掃員は懐かしむように目を細めながら僕にアドバイスをする。

「クレームの初期対応を怠ると大変な目に遭うぞ」

先輩清掃員はそれから一年半、そのおばちゃんに苦しめられることになった。

その日は逃げきれても、可燃ゴミ回収の週に二回、必ずそのおばちゃんと顔を突き合わせる。突き合わせては回収の様子をジッと見る。ジッと見ては自転車で追いかけてくる。追いかけてくる⁉　自転車で⁉

「そうだよ。自転車で追いかけてきては、うちらが回収した後のポリバケツを覗くんだ」

「え？　え？　なんでですか？」

「ちゃんと回収したかチェックしているんだ。他人の家のポリバケツを勝手に開いて覗くんだよ」

「だからなんでですか？」

「わからないよ。嫌がらせじゃない？　ちゃんと取ってないとビニール傘に突き刺して、回収してないだろぉって絶叫しながら振り回して、追いかけてくるんだ。新聞紙一枚だよ。それも多分、その家の人がわざとポリバケツの底に敷いている新聞紙だよ」

僕は斬新な設定のホラー映画の話か何かを聞いているのだろうかと思った。まずビニール傘に突き刺すって何？　そんなものを振り回しながら向かってくる女性が現れたら恐怖で歯をカチカチ鳴らしてしまうだろう。だってそれはもう『八つ墓村』と変わらないもの。山崎努バージョンの『八つ墓村』と変わらないもの。感覚が麻痺していたが、勝手にポリバケツを開けられるのも怖い。僕がその家の住人で家の前にたまたま出た時に、そのおばちゃんがうちのポリバケツを開けて、ビニール傘でゴミを突き刺しているのを見たら、ギャーと叫び、間違いなくドアを閉める。

「それが二、三〇分」

「二、三〇分!?」

「チャリだからしつこく付いてくるんだよ。その新聞紙みたいのを見つけたらすぐに清掃事務所に苦情の電話を入れるんだ。見つからなければずっとついてくる」

「シナリオにして『ほんとにあった怖い話』に送りましょうよ？　『ほん怖』」

「笑いごとじゃないよ。それが一年半も続いたんだから。結局俺は、その車を降ろしてもらって違う車に乗せてくれって会社に言ったんだよ。それで収まったんだから」

何とも恐ろしい話である。山姥とは遥か昔、山奥にひっそりと住んでいるものだと思っていたのだが、現代では住宅街にも姿を現し、ビニール傘を振り回すというのだからくわばら、くわばらである。


回収場所は地獄なのか⁉


いきなりそんな話を聞いたら、嘘だと思うし、嘘ではないにしろ大袈裟に話を膨らませて僕に聞かせていると思ってしまいそうなのだが、まんざら嘘ではないのかなと信じるには理由がある。

僕がゴミ清掃業に身を投じて間もない頃、朝礼で衝撃の挨拶を聞いたからだ。

朝礼とは清掃員、運転手がちゃんと来ているか出欠を取り、常務が天気の話をしたり、作業中の注意点を述べる。

常務はその話をさらりと話し始めた。

「えー、先日も話しましたが、最近、作業中に後ろからバットで殴られた人がいました」

えっ？　なんで？　えーっ？　なんでバットで殴られるの？　ゴミを回収しているだけで？　何の理由もなく？　口論でもしたの？　それとも突然？

驚いているのは僕だけで、僕以外の皆は聞き飽きているのか顔色ひとつ変えていない。僕は驚いて、ピンポン球ひとつ分の空気の塊を一気に飲み込んで苦しくなった。キョロキョロしているのは僕だけで、僕以外の人間は微動だにしない。なんで？　皆は何でそんなに無反応なの？　皆の目は、おはじきをはめ込んでいるようで、感情が読み取れない。これはこれで怖い。眠いのか、はなから常務の話を聞いていないのか、こんな衝撃的な話でも何度も聞いていると、こんなにおはじきみたいな目になってくるのだろうか？

「これはうちの会社の出来事ではありませんが、本当に回収中は何が起こるかわかりません。ですから作業中は絶対に、必ず全員ヘルメットをかぶってください」

そういう問題!?　ヘルメットをかぶるかぶらないの問題なの？　もちろん絶対にかぶっていた方がいいけど、殴られても大丈夫なようにかぶる訳じゃないでしょ？　作業中、不意に飛ぶ破損物から身を守ったり、思わぬ転倒に備えてかぶるものでしょ？　たとえヘルメットをかぶっていたとしてもバットで殴りかかってくる人がいたら、きっと無傷では済まない。

男達の低い声がこだまする。

「うぃーす」

うぃーす⁉　皆、納得したの？　当たり前のように返事しているけど、常務はとても恐ろしいことを話しているよ？　だってバットで殴りかかってこられても大丈夫なようにヘルメットを常時、着用しておけって言っているんだよ？　うぃーすと返事しているってことはそのために着用しまーすって返事したように聞こえる。

「それから、これはもう……そうだなぁ。一〇年くらい前になる話なんだけど」

え？　まだある？　これを超えるエピソードある？　脅しだったとしたら充分脅し効いてるよ。だってこの震えている膝は僕の足だから。

「回収中にナイフで刺された事例もありました」

ぎゃややややや――――――――！！！！

もう一回、ぎゃ――――――――！！

なんで？　なんでナイフで刺されるの？　地獄に回収しに行く訳じゃないんでしょ？　入口で「ここからは地獄の一丁目、気をつけて回収しておくんなまし」と門番に言われたら、覚悟のひとつでもする。でも僕が回収するのは普通の街でしょ？　そんな特殊なところではないんでしょ？　特殊なところではないのに特殊なことが起こる可能性があるかもしれないと思うとゾッとする。

そういえば昔、電車の駅員さんがテレビのインタビューで、「毎日不特定多数の人を相手に仕事をしているんで、見知らぬ人にホームにいきなり突き落とされる可能性もある仕事だと家族には話しています」と言っていた番組があったのを思い出した。

俺、そんなつもりでゴミ清掃業界に入ってないよ！　駅員の言うところの突き落とされるつもりで門を叩いていない。回収中にナイフで刺されるかもしれないって嫁に話せってか？

「ですから私からひとつの方法を提案いたします」。常務が咳払いをする。

「様子がおかしいなと思う人がいましたら、まず車内に逃げ込んでください」

まぁ、そりゃそうだ。逃げられる場所なんてそれくらいしかない。

「追いかけてくるようでありましたら、まぁこれは私からこんな提案するのもおかしな話なのですが……」

常務は咳払いをもうひとつして、たっぷり間をもたす。

「乗ってこようとする人に向かって開けてあるスライドドアを思いっきり閉めて、足を折ってください!!」

折ってください？　足を？　どんなアドバイスだよ！　そんなにうまくできる訳ね

ぇだろ！　何その粗い対処法？　っていうかできるの、そんな芸当？　やろうと思ってそんな簡単にできるものなの？　船に揚がった巨大魚の脳天を棒で殴って気絶させるようなもので、素人がそんなことに手を出したら余計に魚はのたうち回る。

「うぃーす」

うぃ〜す!?　返事したっ！　皆、うぃーすって返事した。わかりましたってか？　よくそんなに間髪容れずに了解しましたと返事できるな？　キョロキョロしているのは僕だけだ。皆の目を見たらおはじきの目をしている。異空間にでも放り込まれたような感覚になった。

今日まで住民様の足を折る機会がなかったのは幸運だが、確かに気をつけなければならない。

清掃員って人間ですよ？

ゴミ清掃員になってから、あっそうだと思い、気紛れで「YouTube」でゴミ清掃の動画を見てみようと思った。

その動画を見て何とも嫌な気分になったのだが、わざと少し大きめのゴミを出して、持っていくかどうかを隠し撮りして、実験しているのである。僕から見ても粗大ゴミかどうか微妙な大きさである。

〇〇やってみましたぁ～、じゃねぇよ！

集積所が映し出されていて、声だけが入っている。

「この清掃員は持っていきませんでしたね。じゃ違う集積所に持っていって、実験してみましょう。持っていった、持っていった、ゴミ持っていった！　なぜ清掃員によって判断が違うんでしょうね？　キチンとした取り決めがないんでしょうかね～」

この動画の恐ろしいところは、正義感を持って世の中を正しているつもりで、悪意に満ちていることに本人が気づいていないところである。これで再生回数を上げようと思っている心に底知れぬ恐怖を感じた。

清掃員はロボットじゃなく、人間が回収している。確かに三〇センチ以上のゴミは粗大ゴミで回収しなければならない決まりはある。百歩譲って二八センチなのに持っていかなかったなら、まだわかる。持っていったものに対して、持っていったぞ、おかしいぞっていうのは、世の中を複雑に変形させようとしているとしか思えない。

フォローする訳ではないが、清掃員も人間だから、多少サイズがオーバーしていても、ひょっとして出しているのがおばあちゃんかもしれないと思えば、わざわざ粗大ゴミの電話番号を調べさせて、電話を握って申し込ませるのもなぁ……と、物によれば回収することもある。そう考えて回収するのはロボットにはできない。人間じゃなきゃできない作業だと思う。

この一〇年間、ゴミ清掃の世界に携わって、見てきている限りでは、本当に仕事をさぼっている清掃員は一人も見たことがない。もちろん個人差はある。仕事ができるできないはあるが、本当に皆一生懸命働いている。不思議なくらい皆、真面目だ。

──俺らの税金でコーヒー飲むとは何事だ？

──清掃員がラーメン屋に並んでたぞ！

そんなクレーム、むちゃくちゃである。これらのクレームは僕が言われた訳ではないが、あまりにも清掃員仲間がかわいそう過ぎる。

働いて貰ったお金の使い道は別にいいじゃないですか？　運転手だって長距離運転する人もいるんだから、眠くなったらまずいんっすよ。ラーメン屋に並んでる？　清掃員だって昼飯くらい食べますって。昼日中にパチンコ屋に並んでいるっていうなら話はわかりますよ。昼ごはん何にしようという数少ない楽しみを励みに午前中の作業をしているんっすよ。温かいもの食べさせてやってくだせーよ。自分で稼いだ金なんだから。

カシャ
カシャ
同じゴミ屋
だろうがあぁ…!!

もちろんそんな人ばかりではない。いつもありがとうねと声をかけてくれるおばちゃんや、暑いから気をつけてねと労ってくれる管理人のおじさん、せーの、頑張ってぇと手を振ってくれる保育園児達など善意に満ちている人は大勢いる。その人達の言葉が、我々清掃員達にとって、どれだけ励みになるか意外に知られていない。皆さんが思っている以上に僕達は嬉しいものだ。

こちらからもなるべく挨拶をするようにしていますが、皆様も気が向いたら声をかけてくれたら嬉しいです。

ある日の滝沢さん 火

五歳の子どもが「大きくなったら、ゴミ屋さんと何やろうかな〜」と言っていた。僕がお笑いと清掃員をやっているから、大人は二つ仕事をしなければならないと勘違いしている。

第五章

ゴミ清掃員、格差を斬る

金持ちゴミとそうでないゴミ

金持ち地域のゴミと、そうでない地域のゴミには違いがある。

もちろん一〇〇%ではないし、そのような傾向があるということに留(とど)めておくが、あながち的外れではないと思う。

ここではその両者の出すゴミの違いについて語りたいと思うのだが、単に見てきた経験を語るのではない。金持ちになれるかもしれない思考がここに、ひょっとしたら、事と次第によれば、しらすにたまに小さいカニが紛れ込んでいるが如く、埋まっているかもしれないので、心して読んでいただきたい。

酒とタバコ

まずそうでない地域のゴミを中心にお話しさせていただきます。

そうでない地域のゴミは酒、タバコのゴミが金持ち地域に比べ圧倒的に多い。

特に一月四日、正月明け一発目の回収では信じられないほど、発泡酒の缶や一升瓶が出される。正月以外にもこの傾向は強く、まるで親の仇のように飲酒する。もちろん金持ち地域も出るには出るが、ここまで極端ではない。まるで賽の河原で一缶飲んでは父のため〜、二缶飲んでは母のため〜と空き缶を重ね合わせて、積み上げたところを鬼に蹴られているのではないだろうかと心配するほどだ。

そしてタバコ。

これも圧倒的にそうでない地域のゴミの方が目立つ。怒りをぶつけるようにゴミ袋に投げ捨てているのでは？　と思うのは気のせいか、水で濡れた吸い殻がよくビニール袋に貼り付いている。多く吸っている人は、いちいち小袋に入れるのが面倒なのか、水道でジャーッと水を灰皿に入れてそのまま大きなビニール袋に入れていると考えられる。

そしてよく見るのが、ペットボトルに入っている吸い殻。水を入れて、吸い殻を目一杯入れている。金持ち地域ではペットボトルを灰皿代わりに使っている人は見かけない。ちなみに、この時のペットボトルはなぜかコーラが多い気がする。

飲み物で思い出されるのが栄養ドリンクのビン。これも大量に出る。同じ種類の栄養ドリンクが、これを一人で飲んだの？　と信じられない量で出されていることがある。当然一人で飲んだとは限らないが、同じマンションで全員が同じ栄養ドリンクを飲んでいるとも思えない。考え得るのは近くのスーパーなり薬局で栄養ドリンクの大安売りがあって、この辺り一帯の人が同じドリンクを買ったという事態。しかし、この地域の人が皆、飲まなくてはならない状況だと考えるとそれもそれで怖い。人は皆、自分の意志で自由に動いていると見せかけて、そう動かざるを得ない見えざる力が働いていて栄養剤を買わされているのかもしれない……、タモリさんが横からヌッと出てくる恐怖エンターテイメント番組みたいだ。

いずれにせよ、肉体的によほどハードな仕事かブラック企業に勤めている人が多いのかと想像してしまう。

貧すれば大量に出す

大量に出すといえば、そうでない地域のゴミの出し方も特徴があって、一部ではあるが、ゴミを一気に大量に出すのも特徴だ。金持ち地域では大量にゴミを出すことは滅多に見られない。

一番印象的だったのは、ペットボトル回収時に九〇リットルの袋パンパンにコーラ(ここでもコーラだった)の詰まった袋が一五袋も出されていたことだ。

過度の排出は規定で持っていけないので、清掃事務所に電話をして置いていったが、捨てる時に背負い投げでもしたのではないかというほど、乱雑に置かれていた。なんでペットボトルを背負い投げするんだよと心の中で思いつつも、想像してゾッとした。

このゴミが部屋の中にあったということだ。見たところその集積所があったアパートはそんなに広くなさそうだった。九〇リットル袋、一五袋分のペットボトルが部屋にあったら部屋の中はペットボトルだらけで、ペットボトルの中を軽く泳げるくらいの多さではないか。わざわざペットボトルをペットボトル工場に運ばなくても、ここに各所のペットボトルを運んでペットボトル工場にすれば諸々手間が省けるのにと思うほどの量だ。のんきに今ならそう思えるが、その時はパニック。清掃員も計算して回収しているので、予定外、予想外の量が出されるとその分清掃車に詰め込めなくなるからだ。

それはさておき、ここでのポイントは同じ人がゴミを一気に大量に出すということだ。

そして大量というキーワードの中で特殊ではあるが、こういった例もある。

アイドルとの握手券付きCDだ。

これらが大量に捨てられているのもそうでない地域の特徴だ。

よくそれらのCDが林などに投棄されているというニュースを聞くが、清掃業界でもたまにお目にかかる。

その場合は金持ち地域からではなく、必ずそうでない地域の燃えるゴミor燃えないゴミから排出されることが多い。

買い占めると聞くと、一見、金持ちが金に物をいわせて大量購入するイメージだが、それらが金持ち地域で捨てられているのを僕は一度も見たことがない。

高級すぎてわからない

一方、金持ち地域でも大量に排出されるゴミは、あるにはある。

テニスボールだ。

古くなったテニスボールがビニール袋に詰め込まれて捨てられていることがある。この理由は単純明快。近くにテニスコートがあるのだ。マダム達がこのテニスコートに通っているのだろうと想像できる。

他にも大量の枝や落ち葉などが可燃ゴミとして出されるが、これは広い土地を持っていることを意味している。

しかしいずれの場合でも、年に数回、もしくはある一定の時期だけである。

さらなる金持ち地域のゴミの特徴について話したいとは思うのだが、何せ僕自身が貧乏人だから、よくわからないというのが正直なところ。

というのもタワーマンションに回収に行くと、見たことのないラベルのワインが回収箱に詰まっているのだ。金持ちの中では常識なのかもしれないが、初めて見る品物ばかりなので何とも言えない。

そういえば、『ドラえもん』でもこういう話があった。

スネ夫がのび太に向かって、これ知らないの？　だから庶民はイヤだねぇと嫌みたっぷりに言っていた。金持ち地域のゴミを回収しているとスネ夫に嫌みを言われているのび太の姿が自分と重なる。僕がのび太だったらその見たこともないワインを見て、キィィー、ドラえもーんと叫ぶところであるが、僕はあいにくただの清掃員。無言で回収する。

他にはペットボトルにしても、高級なミネラルウォーターが多い。唯一知っているのが、コントレックス。これくらいだったら俺も知っているわ、舐めるなよと心の中でツッコむが誰にも何も言われていないことにはたと気づく。もちろんコンビニでお目にかかるミネラルウォーターもあるが、何だこのペットボトル？　あー、ミネラルウォーターかというのも数多く見かける。

そしてサーバーの大型特殊ペットボトル。

これはそうでない地域からも出ていたことがあったが、金持ち地域は取り入れるのが早かった。

そして可燃ゴミであれば、回転板で袋が破けてお目にかかるのが美容系のゴミ。

どれだけ自分に金を掛けているんだよと感心するほど、パッケージやら容れ物が出てくる。そして綺麗にゴミがまとめられている。

マダム主婦がわらわらと……

ゴミが綺麗にまとめられている理由のひとつは、金持ち地域では集積所回収ではなく、戸別回収が多いからだろうと思う。

金持ち地域は大きな家が多く、集積所を作ると家から集積所が遠い等、不便なこともあるので、戸別回収のところが多い。

戸別回収とは自分の家の前に自分の家から出たゴミだけを置き、それを回収することをいう。作業する方としては、面倒臭い一面もあるが、戸別回収の優れているのは、ゴミを出す人に責任感が生まれることだ。ゴミを汚く出せば、当然この家のゴミの出し方は汚ねぇなと思われてしまうので、綺麗に出す。

戸別回収の地域はやはり分別率が高い。

分別しないで、家の前にゴミを置かれたままだとその家の人は困る。

ゴミも特定されるので、シュレッダー率も高い。

そして、あまり前もってゴミを出すとカラスが荒らしに来るかもしれないので、八時直前に出すことが多い。

そこそこ金持ちのある地域では、清掃車の音を聞いて門から出てくる。わらわらとマダム主婦達が集まってきては直接、僕ら清掃員に渡す。これが良い悪いではなく、僕はこの地域の人達は皆、専業主婦なんだなと感心した覚えがある。専業主婦ということは、旦那（だんな）さんの稼ぎがそれなりになければ成り立たない。

粗大ゴミにも違いが

金持ち地域では、粗大ゴミも、生活に必ずしも必要のない物が出る。

健康グッズだ。

ゴミ清掃員になった当初はよくロデオボーイが出ていた。それが落ち着くと、次にワンダーコアが出るようになった。

健康グッズにも流行があるんだと、清掃員になるまで思いもつかなかった。

先輩清掃員が「昔はよくぶら下がり健康器がでたよ」と言っていた。

しかしながらぶら下がり健康器もそうだが、まずこれらの器具を置く場所があるんだなと思う。

僕の家にこれらがあったら、居間でテレビを見るのに、まず横になれない。嫁がロデオボーイを始めようものなら、音がうるさくてテレビが聞こえない等の難儀さがある。端へ端へ追いやっているうちに、きっとベランダ行きがオチである。

ちなみに、そうでない地域の粗大ゴミでたまに出る特徴的な物で言えばパチスロ台。パチスロが好き過ぎて、家でもやっているのだろうか、これらが金持ち地域から出ることはまずない。

金持ちゴミは自己投資の表れ

長々つらつらと書いてきたが、そろそろまとめに入ろうと思う。

これらの例を分析して、僕なりに総合してみると、いくつか考えられることがある。

まず最初に挙げるのは、小さな依存が大きな消費に繋がっているということだ。

タバコ、酒、栄養ドリンクの類いである。

買う時は、ほんの小さな贅沢、自分へのご褒美で、そこまで大きな買い物ではないが、年に換算すると相当な金額になる。

そして、金持ち地域の方が、これらが少ないというのは恐らく理由がある。

健康志向という名のもとに自己投資する余裕がそこに見られる。

粗大ゴミに健康グッズが出されるということは、当然健康志向があるが、そうでない地域に比べ、タバコのゴミが少なかったり、親の仇を討つように多量の酒を飲まないこともその延長線にある。

テニスボールが出るのも運動をしている証拠だし、自己投資だけで考えれば美容系のゴミもそのうちのひとつである。

酒、タバコだから私には関係ないと思う女性もいるかもしれないが、健康志向のせいかポテトチップスやチョコレートの袋なんかも金持ち地域のゴミからはそれほど出ない。しかし時折、そうでない地域のゴミからは、大きなビニール袋が破けるとポテトチップスの袋が飛び出してくるほど、食べている人がいる。

自己投資とは真逆の消費の仕方といえば、そうでない地域のゴミの握手券付きのCDだろう。他人に目を向け投資をし、握手券を抜かれたそのCDが出汁を取られた煮干しのように捨てられている。もちろん買った本人が納得して購入しているのだろうから、誰にとやかく言われる筋合いはないだろうが、僕にこの金があったら、お昼に弁当持参しないで済むだろうなぁと羨ましくなってしまう量である。

自分に目を向けていないもうひとつの理由は、大量ペットボトルの排出である。

自分の部屋の掃除をする余裕がないと僕は推測する。

掃除は気持ちの余裕がないとできない。

僕も、生活に追われているとついつい掃除は後回しだ。散らかった子どものおもちゃを足で除けて、寝るスペースを確保する。時間ができたら片付ければいいやと考える。

そう考えれば、九〇リットルの袋が一五袋分あったペットボトルを部屋に置いていた人は、それだけ溜まるまで気持ちに余裕を持てる時間がなかったということだ。

専業主婦が清掃車の音を聞いてわらわらと集まるのとは、真逆の行為である。

わらわらと集まらないまでもゴミを綺麗に出すことにまで、我々、貧乏人は神経が回らない。

滝沢清掃員の結論。

金持ちは気持ちに余裕があるので、自分に目を向け、自己投資をしている。その自己投資が小さな消費を抑えていると言っても過言ではない。

そうでない人は、その逆！

ある日の滝沢さん

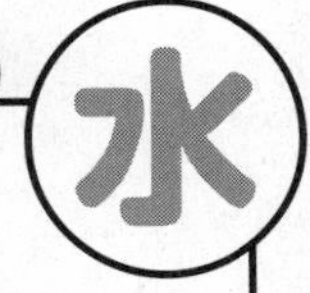

後輩芸人に陰で、ゴミ兄さんと呼ばれていた。

第六章

ゴミ清掃員のおすすめ物件

ゴミ集積所が汚い場所は治安が悪い

わたくし滝沢はツイッターでゴミ清掃員として気づいたことを『ゴミ清掃員の日常』と題して日々、つぶやいている。

そのつぶやきで一番反響があったものが次のものだった。

――治安の悪い地域の集積所は不思議と汚い。次引っ越しをする時、僕は集積所を見る。

いろいろな芸人に「あれ本当なの?」「何かわかるような気がするわ」「うちの集積所汚いんだけど、大丈夫かな?」「酔っ払って集積所に寝たことがあるんですけど、起きなかったら回収されますか?」などとおじさん芸人や若手貧乏芸人などに取り囲まれ、意外な反響に驚きつつ、最後に質問してきた人間に「もちろんゴミとして回収するから気を付けてね」と嘘を言い震え上がらせた記憶がある。

最後に質問してきた奴は問題外として、ゴミ清掃員にとっては当たり前のことを喋(しゃべ)っただけだが、関わりのない人達にとっては、それなりに新鮮な情報だったらしく、なるほど、だったらゴミ清掃員から見る住みやすそうな場所を一考してみるのもいいかもしれないと思った。

もちろん、住みやすさは自分の置かれた環境や年齢で場所が変わるから、一概には言えないが、生活に密接しているお話を「ゴミ清掃員」目線から語りたいと思う。

まず見てほしいゴミ集積所

引っ越しをする時、恐らく何件か不動産屋さんに候補を出してもらい、実際その家やアパートを内見する人も多いと思う。その時に集積所を見てほしい。

綺麗(きれい)に集積所を使っているのならば、そこの近隣の方々は、キチンとルールを守って生活している可能性が高い。

我々、清掃員は回収の日、違う種類のゴミが出されていると、清掃車に積み込んではいけないので置いていく。

ゴミが残っていたり、缶やビンだけが置いていかれていたりしたら、それは回収不能のゴミなので、誰かがルールを気にしないでゴミを出している。

それは単にゴミ出しのルールが守れないだけの話ではない。ひとつルールを破る人はいくつも破る傾向にあると僕は思う。

昔、学生の頃住んでいたアパートで隣人は音楽ガンガン、深夜飲み会おかまいなしのイケイケガンガンイカレ住人だったが、恐らく隣の人が出しただろうと思われるゴミは、回収不可のシールが貼られていて、よく集積所に放置されていたのを覚えている。

ルールを知らないだけだったら仕方がないが、端からルールなんて関係ないと思っている人も世の中には実際、存在するから目ん玉が飛び出る。

だから集積所はそこにどんな人が住んでいるのか、ひとつのヒントになる。

管理人が管理している場合を除いて、集積所が綺麗に使われているということは、互いにルールを守るような「目」がそこには存在する。

時折、集積所を回っていると清掃事務所が貼っている看板ではなく、手書きの看板で「指定時間以外のゴミ出し禁止」など脅迫文のような筆圧でなぐり書きしているものを見かける。こうして風紀を声高に叫ぶ人がいるなら、きっと別のルール違反（騒音など）も同様に注意すると思われる。

民度はゴミ出しに表れる

　引っ越し先の近辺を歩いてみて、周りの集積所が綺麗に使われていれば、恐らく各箇所でグループになり、きっとゴミ当番制を敷いて、担当の人間が責任を持って片付けていると考えていい。そういうところに属している人間ならば、袋に燃えるゴミだろうが、燃えないゴミだろうが構わず入れてしまえという発想にはならない。普通の人なら担当者の顔が思い浮かんで、あそこの人は分別もできないのかと陰口を叩かれるかも、と思うので分別するものだ。

　ゴミ当番のことを話していれば、自ずとそこに誰が住んでいるということも知ることになり、自然と挨拶もするようになる。

　近隣の人達とコミュニケーションを取りたくないという人にはおすすめできないが、昨今、子どもを狙った犯行の多くは、地域の関係が失われているのが原因だと言われて久しい。こういう場所だと近所の人達が顔見知りなので、あの子はあそこの子で今日も元気よく遊んでいる、と声はかけずとも見張る「目」がそこにできる。ファミリーで住むのであればおすすめだ。

　逆に冒頭でも述べたが、集積所が汚いところはあまり近所の人達の「目」が行き届いていない。

　集積所が汚れていても、誰も片付けようとせず、気にもしない。

一〇〇%ではないが、治安が悪いと言われている地域の集積所は汚いことが多い。

治安が悪いと言われている場所は、普通あまり住みたいとは思わない。知らずに住んじゃっただけという人は仕方がないが、知っていたのに入居する人は何らかの理由があってそこに住む。

あまり人と関わらないで過ごすことができるので、結果、自分だけのルールで生活できる。そういう人が数多くいれば、自然と集積所は汚くなる。汚いゴミを見れば自分も少しくらい汚しても大丈夫だと思うようになる。綺麗なところは汚しにくい。

歩いている人も、汚い集積所を見てゴミ捨て場のように扱うので、缶やコンビニで売っているチキンの骨などをそのままポイ捨てする。するとゴミ出しも益々いい加減になってくるという負のスパイラルに陥る。

ツイッターで上記のことを書いた時に、こんなコメントを頂いた。

「僕は不動産屋を営んでいますが、お客さんには、住む前に近くのコンビニのゴミ箱を見ることをすすめます。家庭ゴミでパンパンになっているところは、あまり行儀のいい地域ではありません」

僕はそうなんだ、そっかそっか、やっぱそうっすよね、パイセン！　不動産業界でもそうなんっすよね！　と妙に感動し、それと同時にやっぱりなと確信した。

自分だけ良ければいいという考えはゴミ出しに表れる。

集合住宅のゴミボックス

アパートやマンションを借りようとしているのなら、その物件のゴミボックスを見るのもいいかもしれない。

住む人達がどういう人達で、管理人がキチンとしているかどうかがわかる。

たとえば、隣人トラブルがあった場合、管理人が関与してくれるかどうかのバロメーターにもなる。

どういうゴミボックスが良くないか？

集積所と同様に、底の方に不燃ゴミが溜まっていたり、単体のビン、缶、ペットボトルが袋に入っていない状態で放置されたカオス状態のゴミボックスだ。それは分別されていないゴミを袋から出して、清掃員が置いていかざるを得なかったと考えていい。しかも、それらが蓄積されても管理する人が誰もいないということ。

共有スペースの電灯が切れても、こっちが連絡しない限り、換えてくれないかもしれない。つまり、管理の行き届いていない物件ということだ。

とある企業名の段ボールがごっそり

次はゴミ自体のお話をしたいと思う。どんなゴミが出ているかだ。

例えば段ボール。

回収していて、やたら出てくる同じ種類の段ボールがあった。それはあまり聞かない企業名の段ボールで、ある地域からどっさり出たので、何だろう？　と後で調べてみた。すると、マルチ商法と呼ばれている会社の段ボールだった。

なぜある地域からそんなに出てくるのだろうか。固まって住む指示をされているのか習性なのか、それとも共通のライフスタイルを持つ者同士だから近くに住んだ方がミーティングしやすいのか、真相は闇の中だ。住むだけなら、被害に遭うこともないとは思うが、近所付き合いでもして、実は良い話があるんですなんてなっても面倒臭い。

これはゴミからでしかわからない情報だ。

ゴキジェットが多いならそれは……

ゴキジェットがやたらと出る地域がある。

一軒、二軒ではなく、その辺り一帯にゴキジェットやバルサンの不燃ゴミが多く出るところがある。ということはその辺りにはゴキブリが多く出ているということである。

これもゴミでしかわからない情報だ。

僕が分析するに、川沿いで古い民家が多いところがその傾向にあるような気がする。

こういう地域に引っ越しを考えている方がいたら、不燃ゴミを見るのがおすすめだ。

ゴミが出ている時間にリサーチしなくてはならないので大変だと思うが、賃貸ならまだしも、もし家を買うんだったら、そのくらいしてもいいと思う。

ゴミ清掃車もはまる開かずの踏み切り

引っ越しをする前に午前中、近辺を歩くことをおすすめする。

清掃車に乗っていると、たまに開かずの踏み切りに出くわすことがある。

いくつかその場所は知っていて、なるべく運転手は時間帯を見て避けるのだが、回収順でどうしても通らなければならない時もある。酷いところで二〇分ほど待たされたこともあるが、同じく自転車に乗って待っている人の顔を見ると、漏れなく泉谷しげるが暴れる前のような表情をしている。何を言っているかわからないが、とにかく大声でわめき散らす泉谷しげるだ。苛々しているのが手に取るようにわかる。

僕らはたまにだから仕方がないと思うが、住むとなれば毎日のことだから、こういう踏み切りはないかチェックしておいた方がいいだろう。

踏み切りだけでなく子どもの通る道で狭い道はないだろうか？　というのもひとつのポイントだと思う。

清掃車は狭い道も通る。

その時に小学生がこんな狭い道、ガードレールもなしでよく歩いているなと感じることがある。

清掃車の運転手はプロだから、細心の注意を払って徐行して安全に走行するが、こんな狭い道路をそんなスピードで行く？　と、信じられない危険な運転をする車もたまに見かける。お子さんがいる方は子どもが歩く時間に、通学路などを歩いてみた方がいいかもしれない。

　そしてもうひとつ、近くの公園も見た方がいい。子どものために安全かどうかを見るという理由ではなく、どちらかというと、またしてもその土地の人達の品位というものがわかるからだ。

　僕は仕事柄、日によって公園で弁当を食べることがある。

　すると集積所にもあったような手書きの看板が埋め込まれていることがある。こんなのを見たことないだろうか？

『花壇を荒らすな』

『ゴミを置いていかないでください』

『花火禁止』

『ベンチで寝るな』

　こういう看板が数多くあるならば、そういうことをよくする人達が利用しているということだ。

　集積所のように狭い範囲でルール違反をした人には、手書き看板を設置したような人が注意できるだろうが、公園のように不特定多数が利用する場合は口頭注意もなかなか難しい。

ビールの缶が置いてあり、タバコの吸い殻が捨てられているのを見ると、静かに飲んでいる分にはいいが（にしても空き缶や吸い殻を片付けないのは許せない）、若者が深夜公園で喋（しゃべ）りながら宴会をしているのではないかと想像してしまう。

滝沢不動産、いや滝沢清掃員がまとめると、

①集積所を見る
②ゴミの内容を見る
③コンビニをチェックする
④午前中に近所を歩く
⑤公園を見る

である。

第七章

ゴミ清掃員の花鳥風月!?

四季

　基本的に、外仕事というのは季節の変化に敏感になるものだろうが、このゴミ清掃業という職業は、日本の四季折々の素晴らしさを嫌というほど堪能できる、唯一無二の仕事だと言っても過言ではないだろう。

　看板持ちのバイトも経験している僕は、それなりに日本の四季を味わってきたつもりだった。また漫才で全国各地に行き、屋外でイベントをする場合も、暑い、寒いなどの環境に過敏に反応していたものだった。しかし、それらはほんの子どもの遊びのようなもので、真に自然と闘うというのはどういうものなのか全く理解していなかった。

「そんなこと言って、滝沢清掃員。夏と冬以外は心地よく仕事に従事していらっしゃるのでしょ？」と言う方もいるかもしれない。

　確かにやわらいだ空気は気持ちいいし、息苦しい熱気の中、秋を感じさせる風が頬を撫でると底知れぬ喜びが湧き上がってくる。

　しかし光というものは陰があるからこそ喜ばれるということを、外仕事以外の人はあまり知らない。

毛虫の春

まずは春。

一番注意したいのは、毛虫である。

滝沢清掃員も幾度となくヤツに苦しめられている。

もちろん最善の注意を払っているが、その潜伏能力の高さと言ったら、忍者に匹敵するのではないかと思われる。

ヤツに狙われると刺された腕はもちろん、体の中で毒が回るのか、背中にまで痛痒（いたがゆ）いブツブツがびっしりと明太子を貼りつけたようにでき、体が犯される。掻（か）けば血だらけになるので、なるべく触れないようにするのだが、その痒さを我慢するのはこの世の地獄。中世ヨーロッパでひょっとしたらこの手の拷問があったのではないかと思わせる。

特に痒いのは二の腕で、皮膚の弱い箇所を、まるで毒は知っているかのようだ。

もちろん皮膚科で薬をもらってくるが、夜中薬が切れるのか、眠りを引き裂くほどの痒さで、僕にあーと奇声をあげさせる。

何度刺されても免疫はつかず、毎回新鮮に痛痒い。

であるから僕は、桜の木の下には最善の注意を払い、ツバキ、サザンカ辺りにも強い恐怖を覚える。

桜の木の下に死体が埋まっていても、僕にはさほど関係ない。桜の木の上に毛虫がいる方がよっぽど震え上がる。

コヤツの恐ろしい技術はまだまだある。

彼ら（彼女ら）は這うだけでいいのだ。

つまり回収する段ボールを彼らが歩くだけで、粉のような、または棘のようなものを落としていく。それに触れるだけで、直接触るのと同等のダメージを受けることになる。というかほとんど、このパターンにヤられている。

直接、清掃服を這っていたことは過去、数回しかないが、敵は姿、形を見せぬまま射ぬいてくるのだ。

射ぬかれた場合、焦ってはいけない。

掻くと粉が広がり、被害が拡大するので、とにかく我慢する。

その時僕は、「この一部の領土（皮膚）はくれてやる。しかしこれ以上は何としても死守する」と指揮官を気取って独りごちる。

かくして一〇年経った今でも、有効な手立てを見出(みいだ)せていない現状を歯痒く思う。

あら、歯まで痒くなっちゃった。

砂漠の夏

季節は変わって夏。

夏もまた毛虫の大量発生時期であるが、割愛する。

簡単に少しだけ付け加えるのならば、夏は植物が一時期の平家(へいけ)のように栄えるので、枝、葉のゴミが多い。紐(ひも)でくくっていてくれれば、その紐を持って回収するが、くくっていないのならば、清水寺(きよみずでら)の舞台から飛び降りるつもりで回収する。

しかしながら、そんな話は一旦(いったん)置いておかなければならない。夏を、毛虫の話で終わらせるつもりはない。

ここで避けたら変人ぶっている人になる。

夏、避けられない話といえば、やはり暴力的な暑さだろう。もはや暴力と言っても過言ではない。

ここ数年の暑さは酷い。

曇っていたら曇っていたで、むせるような湿気だ。スチームサウナにでも入っているようで、油断したら熱中症になる。というか毎日軽く熱中症になっていると思われる。いくら最善の注意を払ったところで、いつも軽く頭が痛い。

暑さに関しては重装備をしている。

七五〇ミリリットルの水筒を氷いっぱいにして持ち歩き、飲み物がなくなれば即、補充。塩飴はいくつも舐めると口の中が甘ったるくなるので、アルミホイルに塩を包んで持ち歩き、少しでも頭痛がしたらベロンと舐める。空腹も危険なので、干し梅を持ち歩き、清掃工場では冷たい水で冷やしたタオルを頭に巻いて出発する。

そのくらいの準備はしていないと身の危険を感じる。命にかかわることなので、いくら準備しても準備し過ぎることはない。

毎年、何人かは熱中症で倒れる仲間を近くで見ているので、どんなにうしろ指をさされて大袈裟だよと馬鹿にされても僕は準備をする。

当たり前だ。

歩いているだけで息切れするのに、回収しながら走るのである。道路は陽炎が出ていて、気づけばアゴが上がっていて天を見る。都会の夏は、日向も日陰も温度が高いので、さほど温度は変わらず逃げ場がない。

幻だってたまに見る。

目の端に住民のおばあちゃんがいるのが見えて、目を合わせて、おはようございますと言おうと思い、頭を下げて挨拶(あいさつ)した後に、顔を上げると誰もいないなんてことがある。

都会にいながら、砂漠にいる気分を味わえる。

汗は水と化している。飲んだものがそのまま流れているのではないかと疑うほど、よく流れる。不思議なもので、仕事始めに流れる汗とは違い、この段階になると全く汗臭くない。こうなると僕は塩をベロンと舐める。水分補給とはよく言うが、一番効くのはスポーツドリンクやよく冷えたジュースではない。塩分が一番即効性があって、体が動くようになる。

赤道付近のアフリカ出身の清掃員が、東京の夏はキツイよと言っていたのだから、日本の夏は世界に誇れる暑さなのだろうと思う。

夏、堪能(たんのう)完了。

繁殖の秋

そして秋。

秋は語ることないでしょ？　と思われがちであるが、それなりにドラマはある。

確かに夏のように命にかかわることはあまりなくなってくる。

残暑は所詮、残暑。時折冷たい風が吹いてくれれば、それだけで儲けもんと思う。

しかし危険は辺りに潜んでいる。

スズメバチが繁殖期を迎えるのである。繁殖期になると気が立っている。

ただ回収しているだけで、執拗に追いかけてくるスズメバチがいる。どこが癪に触ったかわからないが、お前の巣なんて興味ねぇよと言っても日本語の通じる相手ではない。

集積所で目をつけられて、次の集積所までついてこられたことがある。

「花と間違えているのか？　八つ当たりか？　上司命令なのか？　試し刺しか？　無言で抗議するのはやめてくれ」と叫びながら逃げ惑う。

とにかくスズメバチは何を考えているのかわからないので困る。

そしてもうひとつの繁殖期。

ネズミだ。

ネズミは春にも繁殖期を迎えるが、この間、飛びかかられたのは秋だった。

某マンションには下水に繋（つな）がる水飲み場があり、その上を集積所にしているのだが、そこにはあるネズミの家族が住んでいる。いや、家族かどうかはわからないが数匹いることは確認済みである。

彼らにとっては絶好の食卓だろう。家の上には人間が次々とご飯を運んでくるのだから、ネズミウォーカー東京版で「住みやすい下水ナンバーワン」と記事にされていても不思議ではない。

そこに彼らにとっては外道である我々、清掃員がご飯を奪い去っていく。ネズミにとっても寝耳に水だ。なんで？　という声が聞こえてくるようだった。というか週に二回取っていくんだから慣れろよ。

とにもかくにも普通のネズミならば、人間を見たら逃げるのに、そのネズミはあろうことかズボンに飛びかかってきて、僕の制服を摑（つか）んでしばらく離さなかったのだ。

俺らのご飯を持っていくなぁー、とでも言っているのだろうか？　お父さんネズミが嫁ネズミと子どもネズミに良いところを見せたかったのだろうか？　僕が腿（もも）をブルンブルン振ってようやく、離れていったのであった。

ネズミの摑む手の感覚が未だに腿から離れない。

そして秋といえば収穫の季節。

トゲトゲの栗が僕を待っている。

これが秋になるとごく稀に、袋いっぱいに詰め込まれて可燃ゴミに眠っているのである。

数多くあれば注意して回収するのだが、本当に時折交じっているからタチが悪い。燃えるゴミを回収しているつもりで、テンポよく摑んでいると、恐ろしい数の棘が僕に刃を向ける。文字通り刃だ。まるでロシアンルーレットのようだ。というかロシアンルーレットのように弾がひとつ交じっているとか教えておいてくれればいいが、ヤツは地雷のように息を潜めている。そして僕を今か今かと待ち受けているその姿は、忍耐型スナイパーのようで、プロフェッショナルとはこういうものだと教えてくれる。

なかなか秋は秋でいろいろあるでしょ？

真白の冬

夏もすごいが、冬もなかなかの強敵だ。

冬将軍という言葉があるくらいで、時折、肌で将軍を感じることがある。

何といっても雪だ。

子どもの頃は、雪が積もると喜んだものだが、滝沢は現在四六歳。つまり悲鳴をあげる。

雪が降るとまず何が大変かというと走れない。朝一だとまだ誰も雪を踏んでいないので、足を取られる。スポーツ選手が砂浜でダッシュのトレーニングをしているのを思い浮かべてくれるとわかりやすい。プラス滑る。プラス寒い。プラス果てしない。

そして問題は、白いビニール袋が見えなくなること。そんな〜大袈裟でしょ？　と思われるかもしれないが、本当に見えないのである。

可燃ゴミなら、ゴミ自体が大きいので、埋もれていることは少なくわかりやすいが、ペットボトルをスーパーの袋で出している地域は雪に紛れ込んでいて、目を凝らさないとペットボトルがあるかどうかもわからないのである。

その場合は手で雪をかいてゴミを探し当てなければならない。

そんな日でも回収は容赦しない。

冷たいとかではない。

掘る度に手の甲に電気ショックでも与えられているような痛みが走る。手の甲の痛みは脳に直接的に働きかける。脳みそさえもブルブル震えているので視界が揺れる。ペットボトルどこだい？　と話しかけてもペットボトルは答えてくれない。仕方がないので当てずっぽうで雪をかく。当たれば報われるが、何も出てこない空振りだとメンタルがヤスリで削られて擦り減るような気がする。人間の精神力というのは物理的なもので、なくなると何もできなくなるのだなと知った。

冷たい、滑る、よりも恐ろしいことがある。

終わらないということだ。

いつもならば三〇秒で回収できる集積所に三分掛かったとする。一五〇秒余計に掛かるとして、それが一〇〇カ所ならば一五〇〇〇秒。二五〇分。つまりいつもより四時間残業することになる。

そして都会の雪は交通網を麻痺（まひ）させる。

幹線道路が全く動かないのである。

じゃ裏道を行けば良いじゃないかと思うかもしれないが、裏道に入って、タイヤがはまり動かなくなったら一巻の終わり。後ろから清掃車を押さなければならないのだ。何度かやったことがあるが、俺一人で押すなんてプロレスラーじゃないんだから動か

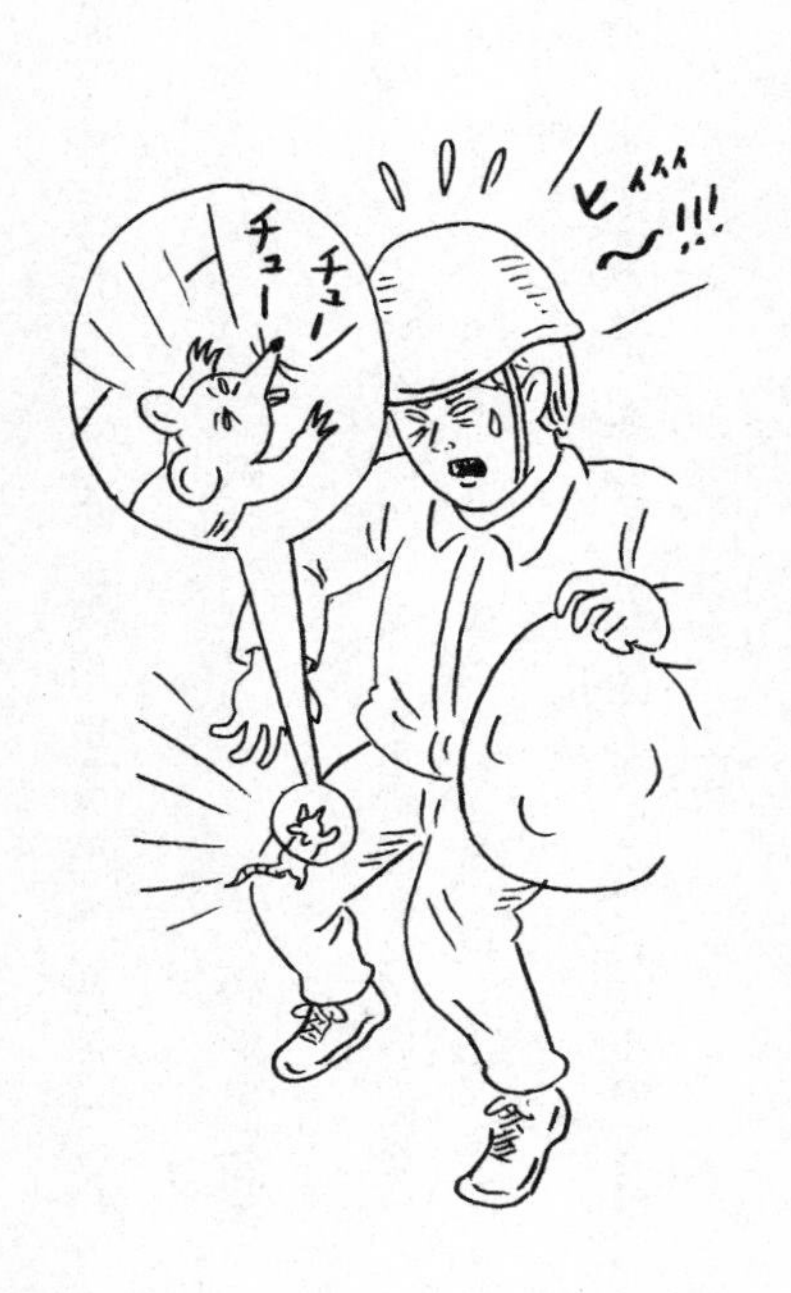

ヒィィィ〜!!!
チュー
チュー

せるはずがない。近所の人に押すのを手伝ってもらい、無事に乗り越えられたことがあった。

いつもなら冬はペットボトルの量が減るので一四時には終わるが、一九時半まで回収していたことがあった。

もうね、一七時回ると暗くて何も見えないのよ。昼間でさえ雪で埋もれていて探さなきゃいけない、さらに真っ暗。宝が出てくるなら喜んでやるけども、探し当てたとしてもペットボトルだという不条理。

毎年、雪がなるべく少なく済みますようにと冬の始まりは手を擦り合わせるのであった。

そうそう。四季を堪能でしたね。

春は引っ越しの段ボールで新生活の希望を垣間見て、夏はペットボトルの量の多さで季節を感じ、秋は落葉のゴミが増えて文字通り紅葉狩りを味わい、冬はパーティーグッズやクリスマスケーキの残り、プレゼントの包装などが可燃ゴミで出るので、クリスマス気分を後日味わえますよ。そして約一週間後、お寿司を正月に食べたのだなぁと思わせる大きなトレーが出てきて、満喫の年明けを思わせる。

日本の四季をゴミから味わえるのは清掃員という職業だけかもしれない。

ある日の滝沢さん 木

結婚記念日が、図らずも5月30日（ゴミゼロ）だった。

第八章

ゴミ清掃員の一日

早朝からカレーを食らう

ゴミ清掃員の一日は早い。いや、いつもではない。状況によって変わる。朝五時には起きる。

僕の働き方では、回収するゴミの種類、現場が毎日変わる。だから今日は五時に起きるが、明日は現場が近いので六時、天気予報を見て雪が降りそうならば四時半に起きることもあるので、状況によって目覚まし時計の針を動かす。

大きく分けると常勤と非常勤にわかれていて、僕は非常勤にあたる。

一週間の決まったコースを毎週取り続けるのが常勤で、その常勤の人が休んだ代わりを勤めるのが非常勤の仕事だ。だから仕事の内容が毎日変わる。

非常勤はゴミ清掃業の中でもなかなかハードな部類に入る。

常勤の人が休む時は一週間の中でも大変な現場の日に休むことが多い。どうせ休むなら楽な日より大変な日に休んだ方が得だから、大変な日に休んでやろうとたくらむ人がいる。気持ちはわかる。僕も常勤ならきっと同じことをするだろう。大変な日に休んでこれ見よがしに素っ裸で寝てやったら気分がいいだろうなと思う。（なんで？）

しかし悲しいかな僕は非常勤なので、大変な現場の日ばかり渡って生きている。

だから大事なのは朝食だ。

ゴミ清掃を始めた当初は、この仕事を舐めていた。パパッと午前中に仕事して昼過ぎには家路に就くようなイメージだったのだ。朝食をとらないでも平気だろと思っていたら、泡吹いてぶっ倒れそうになったことがあった。実際口の横は泡ぶくだらけだったと思う。

始めたのが夏だったという運の悪さもあるが、熱中症になる原因の一位、水分不足に加えて、二位の空腹によるエネルギー不足からだと思う。

泡吹いてぶっ倒れそうになった次の日から、僕は充分な朝食をとることにした。

朝五時に目覚まし時計が順に三つ鳴って、布団から飛び出す。タバコも吸わず、真っ赤な目で何も言わずに、レトルトカレーをチン。大皿に山盛りご飯を二杯食べて出勤した。嫁から見たら引けぬ戦いに出陣でもするのかと思ったに違いない。

しかしそのおかげで、その日から僕は飛び跳ねるようにゴミを回収できるようになった。

そのくらい食べていて丁度いい。回収が始まるのが三時間後の八時で、次に食事をとるのが、七時間後のお昼だから、大盛りを食べても食べ過ぎるということはないのだ。

アルコールチェック

出勤時間は六時半。

すぐにアルコール検査がある。

ゴミ清掃は公の仕事だから運転手じゃなくてもアルコール検査がある。アルコール反応があったら仕事に就けない。就けないどころか怒られて家に帰るはめになる。

一度見たのだが、五〇代半ばのおじさんがアルコール検査に引っ掛かり、周りがビビるくらい怒られて隅っこで半べそになっていた。そのおじさんは僕と初対面にもかかわらず、やっちゃいました、へへへと世界で一番悲しい笑顔を浮かべて、僕に話し掛けてきた。何と言っていいかわからないので、会釈だけしておいた。きっといたたまれない気持ちで、僕に話し掛けることによって気を紛らわせようとしたのだろう。

僕はもう一度、何も言わず会釈をした。この惨劇を見てから、僕は休みの前日しか飲まなくなった。

以前の僕は、滝沢に見られないように酒を隠せとよく絶叫されるほどの酒好きだったが、この仕事に就いてからというもの、三島由紀夫が割腹するような覚悟で断酒、山賊が食い荒らすように朝食をあさるようになったので、健康面はだいぶ改善された。しかもハードな運動もする。これだけ食べても仕事を始めた当初はみるみる痩せていったのだから、嫁は別人が家に住みついたと思っただろう。

無事、アルコールチェックが終わったら、僕は喫煙所に行く。

それが月曜日だと、喫煙所は競馬や休日に行ったパチンコの話で持ちきりだ。

あいにく僕はギャンブルをやらないが、この時ほどギャンブルをやっておけば良かったと思うことはない。

「滝沢君は昨日、何買ったの？」

「あ、僕は競馬やらないんですよぉ」

「そっか、やらないのか。うん、やらないのが一番だ……」と悲しい目をする。

七〇歳くらいのおじいちゃんにこんな悲しい目をさせるなら、競馬のひとつでも覚えておけば良かったと思う。

違う人が「昨日ダメでしたぁ」と七〇歳のおじいちゃんに話し掛けると、目を爛々とさせて「なになにー、ダメだったかぁ。何買ったの？　なに？」とさっきまでの表情とは打って変わって子どもがはしゃぐように嬉しそうな顔になった。

それまで僕はギャンブルをやらないことが人生の美徳だと思っていたのに、パラレルワールドに突如放り込まれたように価値観をぐらぐらと揺らされたものだ。

チヤホヤされる女子を横目に

乗る車を言い渡されて運転手に会うと、何か飲む？　とよくジュースを奢(おご)ってもらう。

ゴミ清掃の人は優しい人が多い。誰かしらが何か飲みなよと小銭をじゃらじゃらいわせて自販機を指さしてくれる。

有り難く奢ってもらうのだが、これが女の子だと、さらにスゴい。

この世界にも何人か女の子が働いている。彼女らは見る度に七、八本ジュースを抱えている。皆が彼女らにジュースを奢るのだ。

基本的にゴミ清掃業は男の世界だから、彼女達はとにかくモテる。いろいろな年代の男が彼女達に声を掛け、ジュースを奢る。

そのモテ具合は本物で、居ないところでも彼女達の話になる。

「えー、あの子と喋(しゃべ)ったのぉ？　今日、俺、会ってないのにぃ」

「そろそろ来るかなぁと思って時間合わせちゃった」

「なんだよ！　明日から俺もやろう」

言っておくが、これは五〇代のおじさん達の会話である。まるで男子学生の会話で、青春が戻ってきたぞぉーというようなテンションである。お近づきになってどうしようというのだと心の中のツッコミは口に出さず、はしゃぐおじさん達を滝沢は眺めている。

おじさん中心だが、彼女らはチヤホヤされているので、基本にこやかだ。常ににこやかにしているから、可愛く見える。

もう出会いがなくて、かと言って合コンとかの出会いは嫌だ、もう人間の形をしていれば何でも良いという女性にはゴミ清掃の仕事はおすすめかもしれない。

彼らは一様に出会いがないよぉと口癖のように唸っている。

「でもあれでしょ？　おじさんしかいないんでしょ？　だったらチヤホヤされても何にも嬉しくない」と言うかもしれない。しかしこれは東京限定かもしれないが、ゴミ清掃員の中には稀にイケメンが交じっている。

僕の周りにいるのは、俳優になりたいが、それだけでは食べていけないので、清掃員をやりながら活動をしている人やミュージシャン、ボクサー、プロ野球予備軍、映画監督、芸人などなど、なんだっている。少し年輩でも、元々俳優を目指していた人もいるから顔的には渋めのおじさままで揃っている。

恐らく今まで清掃員の顔をまともに見たこともないと思うので、眺めてみるのも楽しいかもしれない。

それに、ゴミ回収はダイエットにもなるし。

ご飯を目一杯食べても、げっそり痩せる。ジムに通ってダイエットを考えるならば、ゴミ清掃の方がお得だ。清掃員になって出会いもあって、しかもお金まで貰える。ゴミ清掃お見合いダイエット。新たなビジネスにならないだろうか？　もし誰かが立ち上がるなら滝沢もいっちょかみたい。

そんなにハードな運動なんて私には無理だわ、なんて人にも朗報。コツをつかめば、手を抜ける。何もそんなに全力で走らなくても大丈夫ということに気づいた。

この直線は走らなければならないが、ここは大丈夫、走ったとしてもあそこまでだろうと何となく予想がつくようになってきた。効率的なゴミの回収の仕方も覚えた。

僕は体を鍛えるためにゴミ回収をしている訳ではないので、休めるところはすすんで手を抜く。しかし中には、車に乗るタイミングでもわざと乗らないで全力で走り、筋トレに生かす人もいる。どちらでも自分の体調に合わせて力の入れ具合を決めればいい。

というか、どんだけ女性にゴミ清掃をおすすめしているんだよ？　話のついでにいろいろなことを書いていたら、ことの外、書くことが多くなってしまって必死に女性を勧誘しているスケベ野郎になってしまっている。我ながらこれは大熱弁だ。

弁当食べてすべるなんて……

ゴミ清掃の回収の種類は可燃ゴミ、不燃ゴミ、ビン、缶、ペットボトル、段ボール、粗大ゴミ、地域によってはプラスチック資源、地方によっては落ち葉なんてのもあると聞いた。内容は他の章に譲るとして、ここでは運転手との会話を紹介したいと思う。

僕は大体、お昼ご飯の話をする。

いろいろな地域に行く機会が多いので、回収の範囲内で、どこかおいしいご飯屋さんはないですか？　と聞くと、さすがはその地域を網羅しているプロ。するすると、あそこの弁当は何が旨(うま)くて、何がお買い得かと即座に答えてくれる。

コスパを気にしてくれるところがまた嬉しい。値段がこれくらいなのに、あの量であの旨さだからこの辺ではナンバーワンだよと教えてくれる。こんな裏路地に弁当屋さん？　と思うような場所にあり、店構えもボロボロ。事前の情報がなければ決して立ち寄らないお店なのだが、繁盛している。口コミというのもやはり馬鹿にできない。

ゴミ清掃員人気ランチランキングなんて雑誌を出す出版社があったならば、これまたいっちょかみたい。そう。何でもかんでもかんでいきたい。

今は二人の子どもを育てるために節約しているので、弁当を持参しているが、お笑いでラッキー的なお金が入ったら、もう一度いろんなお店で金払ってお昼を食べてみたい。おじさんに聞いた美味しそうなおかずを想像しながら白飯をかきこむ日々だが、今は我慢だ。

ちなみに僕のお昼は、ゴミ清掃員も驚きのパードゥン弁当を食している。きっと外国人が僕の弁当を見たらパードゥン？　と二度見するだろうと思い、パードゥン弁当と名づけたのだが、基本は大きなタッパーに白飯を盛り込み、梅干しを乗っけて、粉の鰹だしを持参し、お湯をかけて食べるというものだ。簡単な話、お茶漬けだ。とにかくエネルギーが補給できればいい。

清掃工場でお昼を食べる時は大体このメニューだが、一度清掃員がわらわらと集まってきて僕の周りを取り囲んだことがあった。

「これ毎日食べてるの？」

「夕飯はキチンと取るんだろ？」

「自主的？」

「滝沢君は飲むようにご飯を食べるんだね？」

ウケるならいいが、心配されていた。昼飯を食ってるだけでスベるとは思わなかった。それ以来弁当を隠しながら食べている。

ゴミ汁をかぶっても動揺を見せないおじさん清掃員が、僕の弁当を見て動揺していた。

ゴミ汁とは、清掃車の中で圧縮されたゴミからにじみ出てくる液体のことを言う。ゴミが清掃車の中で満杯になってくるとその液体が飛び出してくる。それが掛かるとずっと臭いので、なるべく掛からないようにする。しかし、不意討ちにやられゴミ汁が掛かることがある。その時は「掛かった！　いや――、マジか！　最悪ぅ――！」とキャーキャー僕は叫ぶが、そのおじさん清掃員は顔中にそのゴミ汁が掛かろうとも一切の動揺を見せず、何だったら「ゴミ汁飲んじまったよ、ガハハ――」と笑い飛ばす屈強な男である。しかし、そんな強靱（きょうじん）なおじさんが僕の弁当を見て動揺しているのだから、よっぽど衝撃的だったんだなと思った。これからも弁当を隠し続けて食べようと思う。

午前の作業が終わり、昼食をとったら残りは午後の作業。

早ければ一四時半に終わるが、遅ければ一六時～一七時になる。

回収内容によって帰る時間が違う。

早く終わろうが遅く終わろうが給料は同じなので、やっぱり早く終わる方がいい。

体が疲れたというより長いなぁ、まだ終わらないのかなと思う。

作業が全て終わると明日は早く終わる現場がいいなと願う。早く終わる日だと明日もまた早い現場がいいなと言霊を信じて独り言を言う。

そんなことを思っていると運転手がまた、何か飲む？　と自販機を指さす。

「いいんすか？」

「いいよ。遅くまでご苦労さん。懲りないでまたこの車乗ってよ。あの車乗るのは嫌ですとか言わないでよ」

「言わないですよ。またお願いします」

僕は缶コーヒーのボタンを押す。

ゴミ清掃の人達は優しい。僕に居場所を作ってくれる。ここに居場所を作ってくれる人達がいるから、僕はまだお笑いをギリギリ続けることができている。だから仕事が長いとブーブー言う訳にはいかない。

仕事の後のコーヒーが体に沁みて美味しい。

今夜も酒を飲まずに晩飯食って寝ようと思う。

その前に会社に帰って、ひったくるように給料を握ってとっとと家に早く帰って横になりたいと思う。

こういう生活を僕は一〇年間している。

第九章

ゴミ清掃員とゆかいな仲間たち

志し半ばの清掃員

「芸人やっているんだって？　だったら三年以内にゴミ清掃辞められるように頑張ってね。三年以上やったら『ゴミ屋顔』になるからよ」

これは僕が清掃業界に入った頃に、清掃員の先輩に言われた言葉だ。

先輩と言っても還暦超えの大ベテランであり、ゴミ清掃業界の師匠と言っても過言ではない方だ。ちなみにこの方は兼業で俳優もやっている。現役バリバリで自分のやりたいひとり芝居を定期的にやりながら、かつ娘さん二人を育て上げた超人的なパパだ。

入りたての僕は「ゴミ屋顔」？　そんなものあるかね？　よくわからねぇなと思っていた。

その人は続けてこう言った。

「長い間、この世界にいて、いろんな奴を見てきているけど、段々どっぷりと浸かっていくんだ。最初は何とかここから抜け出そうと奮闘しているんだけど、食うに困らなくなると、まあいいかってどんどん流されていくんだ。その、まあいいかの連続が積み重なって、『ゴミ屋』特有の顔になっていくんだよ」

その時、どう答えていいかわからない僕は、何とか抜け出せるように頑張りますと返答した。しかし、先人とは先を歩いているだけあって物事の道理がわかっていらっしゃる。

わたくし、滝沢はゴミ清掃員になって丸一〇年である。

いやー、流されますねぇ。一〇年だってさ。流れるプールの波に乗ってしまえば、その心地よさに身を委ねるが如くぷかぷかと。溺れもせず。ニヤニヤしながら。たゆみなく。ネットサーフィンに夢中になっていたら、もうこんな時間になっちゃった？みたいなニュアンスと言えばおわかりいただけるだろうか。それの一〇年バージョン。いやー、早かった。三六歳から始めて、今年四六歳になる。

この世界には僕のように何かをやりながら、ゴミ清掃に従事する人がいっぱいいる。

他章を繰り返すようになるが、俳優、バンドマン、DJ、お笑い芸人、声優、映像監督、ボクサー、脚本家、居酒屋経営を志す者、国家資格を取得したい者など様々な人がここにはいる。各々、向かっている目標は違うが共通して言えるのが、その目標に向かうためには、目の前の生きていくお金を確保しなければ餓死するということである。電気代を払わなければならないし、家賃を払わなければ出ていけと怒鳴られる、世知辛い世の中である。

「いえ、やめてねぇっす」

それぞれの夢を叶えようとうごめくこの世界で、僕は一〇年間いろいろな人を見てきた。

最近、ゴミ清掃の師匠が言っていた意味が少しずつわかるようになってきた。

一〇年やっていれば、後輩にもこのような人間になっていく姿を見かけることがある。

入ってきた時は、いつかメジャーデビューして一発当てるんだとキラキラ輝いていた音楽家に、このあいだ久々に会った。

「どうだい？　バンドは？　順調？」

「いやー、順調とは言えないっすね。むしろ不調っすね」

「そっか。音楽で食っていくって相当大変なんだね」

「そうっすね。ってかもうバンド解散して今はひとりっす」

「あ、そうなんだ。ひとりで活動してるんだ？」

「活動っていうか、もう二年くらい楽器触ってねぇっす」

「え？　やめたの？」

「いえ、やめてねぇっす」

彼が何を言っているかわからなかった。やめてないという意志だけがこの世に残って、体はもっていかれている姿は、まるで恨みを残して死んでいった幽霊を見ているようであった。きっと霊とはこのような過程を経て浮遊するのであろう。

まあ生き方は人それぞれだから、僕が口出しするのもおかしな話で、否定するものではない。本人の想念の置き場所が人それぞれあるので、違うよとは一概には言えない。生きるためには仕方がないのだ。

ボクサー擁する戦闘集団

逆にやりきる人もいる。

ボクサーだ。

話を聞けば、ボクサーほど過酷な仕事はないと思う。

日本チャンピオンでもそれ一本で食べていくにはなかなか難しいという。

その階級で日本で一番強いというのに副業をやらなければならないなんて、想像を絶するほど大変だ。チャンピオンになるまで相当な努力を重ねて、日本では右に出る者がいなくなってもまだ上を見ろという。もっと言えば東洋太平洋チャンピオンでもまだ足りないという。世界チャンピオンになって初めてその世界で生きていけるというのだから、僕は本当にボクシングを選ばないで良かった。

彼らは、だいたい若くしてリングから去る。

そして、その世界を睨んでいた男が僕の隣に座っている。こんな日は大変だ。世界で一番強い奴をぶん殴ろうと日々努力してトレーニングしていた男が、ゴミ清掃でもその力を発揮する。

「滝沢さん、僕ここやっておきますんで、次の集積所に先に行ってくださーい」

行ってくださーいと言われても、歩いて行っていたら先に清掃車の方が着いてしまうというスピード。僕は猛ダッシュ。僕が集積所に着いた瞬間、清掃車も到着。ダッシュしなかったら抜かれていた。脇をボクサーが駆け抜ける。次の集積所に向かって猛ダッシュ。現役時代トレーニングを兼ねていたという。僕は兼ねていない。ただの売れていない芸人だ。前提の中に正しくないものがある。そうか、運転手だ！　元ボクサーに合わせたスピードだ。運転手も悪気はないが、元ボクサーが猛スピードで回収をするので、若者はこれくらい走れると麻痺（まひ）しているのではないだろうかと推測した。訂正しなくては。まず僕は若者ではないということ。そして生まれてこの方、世界を睨んだことがないこと。僕が訂正をしなければ後に続く者がキツい思いをしてしまう。世の中にはトレーニングを兼ねていない者の方が大多数ですよということを伝えなければならない。

「すみません、はあはあ、僕ボクサーじゃないっす」

「ははははっ」（ブーン）

ブーンじゃねぇよ。行っちゃったよ。エンジン音が僕の息切れをかき消すように唸（うな）りを上げた。何で冗談だと思ったのだろう？　そんなことを考えている場合ではない。清掃車に置いていかれる。清掃車に置いていかれるという文章を、口に出して言う日が来るとは思わなかった。太陽が僕を睨みつける。僕は目をそらすが逃がしてくれない。汗だくの中、僕は次の集積所を飛ばして、その次の集積所にダッシュで向かう。

その時、僕は三六歳。家に帰ったら嫁がプリン食ってて腹が立った。

後から聞いたら、休んだもうひとりの作業員もボクサー。つまりは作業員ダブルボクサー。そして、運転手は元自衛隊員だったという。街に置かれたゴミは早急に回収するという戦闘集団だったのだ。

今この三人は、ゴミ清掃業界を辞めてそれぞれの道を歩んでいる。始めた頃にこの経験をしているので、あれに比べれば今日の仕事なんて何でもないと考えたことが何回もある。

夢は声優だったけど

どうしたんだい、君？　という人もいた。

僕の夢は声優になることという可愛らしい顔をした男の子がいた。聞けば学校にも通っているという。まるで声変わりをしていないかのような高い声は特徴があって、彼の長所を生かしていると思った。男で高い声だとコンプレックスになりそうなものだが、彼には、逆境をはねのけ、それを生かして生きていこうという力強さを感じた。

何のアニメが好きで誰それみたいになりたいと語り、全くアニメに興味のない僕にはまるで呪文(じゅもん)を唱えられているようで、呪いの呪文じゃないだろうなと疑ったくらいだ。しかし生き生きとしていて微笑ましかった。

そこから半年も経たないある日、彼に会った。

「どうだい？　声優は？　レベルアップしている？」

すぐにどうのこうのなるような世界じゃないだろうから、仕事が増えてるのかなどとは聞かずに、スキルアップしているかと世間話をするように声を掛けた。

「え？　あ、そっかそっか。僕、今タンゴレッスン生になったんですよ」

「ん？　なんて？」

「あ、だからタンゴレッスン生です。声優は競争が激しいのでやめたんですよ。で、機会があったんで、タンゴを習ううちにハマっちゃって。今、レッスンを受けているんです」

僕はもう何も聞かなかった。別にそれを否定しようなんて気持ちは微塵もない。タンゴやればいいじゃない。若いうちは何でもやりたいことを後先も考えずにやるべきだよ。全然いい、全然いい。ただタンゴレッスン生って何？　勉強不足で申し訳ない。それは一体どうなっていくの？　ま、きっとプロとかあるんだろうな。それもいい。しかしタンゴのレッスンを受けている人は皆、自分のことをタンゴレッスン生って言うの？　ごめん、ごめん。初めて聞いた単語だったからさ。タンゴだけに。ごめん、ごめん。こっちはおじさんだからそんなことも言っちゃうのよね。あまりにも当たり前にタンゴレッスン生ってハロプロ研修生みたいなメジャーな単語のように言うからびっくりしちゃって。

そんなこんなを含めて、僕は彼にへぇ〜と言った。

あの時、呪文のようにアニメの話をしていたのは、呪いの呪文じゃなくてパルプンテか何かだったのかもしれない。自分で言って自分に何が起こるかわからない呪文ね。

桃源郷のフィリピン

ここまではどちらかと言うと、若い清掃員仲間について話していたが、少し年輩の方の話をしてみたいと思う。

休憩中、一緒になった六〇歳超えの先輩が話し掛けてきた。

「滝沢君はフィリピン行かないの？　フィリピン」

僕は何の話だろうと思ったが、聞かれたことには答えなければならないと、昔、学校の先生に教わった。

「はい。行ったことないですね」

「行った方がいいよ。あそこは大人の遊園地だよ。楽しくてしょうがないよ。僕はね、フィリピンに行ったら寝ないんだ。寝るのが惜しい。遊んでも遊んでも、まだ遊ぶことが沢山あるんだ」

「へぇ、いいですね。僕も行ってみたいな」

「行こうよ。お金貯めてさ」

「でもかなり高いでしょ？」

「そんなことないよ。五〇万もあれば豪勢にいけるよ。王様になった気分になるんだ。物価が安いから金なんて気にしないよ。この地図見て」

先輩は地図を広げた。見るとフィリピンの街の地図らしい。

「ここからここまでの店全部行ったって二〇万もしないよ。僕はね、前にここの通りを制したんだ」

「制したって、あはは」

「ほんとだよ。だからね、僕は今、節制しているんだ」

「節制？」

「そう。お酒を飲みたいのも我慢して、ご飯も食べたいけど、六分目に抑えているんだ。パチンコも行きたいけど、自分を抑え込むんだ」

「その分、金を貯めるってことですね」

「それもある。でも節制の目的はそれじゃない」

「ほー？」

「僕は今、フラストレーションを溜めるだけ溜めているんだ。そして溜めたフラストレーションをね、僕はね、フィリピンで爆発させるんだ！」

岡本太郎の「芸術は爆発だ」張りの勢いだった。

僕は腹の底から笑った。何だこのパワフルなおじいさんは。何より楽しそうなのがいい。道徳的にいかがなものかと思わないでもないが、塞ぎ込んでいるジジイを見ているよりよっぽど気持ちがいい。

「いいですね、バイタリティに溢れる」

「だろ？　そこらの人じゃ僕と同じことはできないよ。ちょっとトイレ行ってくる」

「そのままフィリピン行かないでくださいね」

「行かないよ。行くのは今月の月末だよ」

僕は今の話が面白かったので、誰かと共有したくて運転手の人に話し掛けた。

「あー、あれ？　全部嘘だよ」

「へ？　は？　え？」

「あの人いつも同じこと言っているんだ。その証拠に昨日、アルコール検査に引っ掛かって帰らされているし、飯だって驚くほど食べる。このあいだだってパチンコで六万負けたって俺らの前で泣いていたんだから」

「え？　え？」

「そんでね、一番びっくりするのがさ」

「……びっくりするのが？」。聞くのが怖かった。

「彼は一度もフィリピンに行ったことがないんだ」

「え？　え？　えーー！　嘘だ？」

「嘘じゃないよ。彼は毎月、月末にフィリピン行くって言っているのに、毎月休まず働いているんだから。たまには休みなよってこっちが言うくらいなんだから」

　僕はぶっ倒れそうになった。気絶しそうになったのはこれで何度目だろうか？　置いていったフィリピンの地図が空調の風で揺れている。あの人の目的は何だったんだろうか？　若い人間をちょっとからかってやるかにしては手が込みすぎている。フィリピン話をすることによって、有言実行にしようとしているのだろうか？　それとも言っているうちに本当に行った気になって、それを体験談として語っているのだろうか？　今となっては謎しかない。僕はそれから怖くて続きを聞けなかった。

「はひざわはん」

いやでもまだ会話になっているからいい。いよいよ会話にならない人もいた。

「はひざわはん、ひぎひってほっくす。ほっくすほったらほりー」

訳がわからなかった。アゴでさした方に見当をつけて動くと、やっと理解できた。恐らく、「滝沢さん、右行ってボックス。ボックス取ったら乗り」と言っていたのだろう。

僕よりひと世代くらい上で、そんなに歳をとっている訳ではない。初めは外国の方かなと思っていた。しかし教えてもらっていた名前は日本人名、となると沖縄系のなまりかと思い、聞いてみると、「はいはま」ということだった。あ、埼玉のこと。

車に乗った朝イチが一番驚いた。

「ほーじのほころがはるんでひちだいめでほりましょう」

僕はびっくりした。真ん中に座っていたのだが、その人の顔をぱっと見たら、至極当然に前を向いている。真剣そのものの顔をしている。三秒くらいその人を見たのだが、僕の視線に気づかないので、僕は視線を戻した。彼は微塵もふざけていない。

キリッ!!

「お好み焼屋のところだろ？」

え？　僕は今度は運転手を見た。通じている。当たり前のように喋(しゃべ)っている。きっと毎日一緒にいるから、リスニングの訓練の成果が出て、ちゃんと話ができるスキルを身につけている。となるとこの中では僕がマイノリティ。少数派。民主主義社会では少数派の人間の意見なんて取り入れられない。必死に訓練するしかない。

「ひゃくにほほにまわひて、ほだいふぇというへぇもありはふよ」

「でも午後の捨て場が遠いってしんどくない？」

「ほっか。ほひたらやっはひちだいめでほるひかないっですかね？」

「だったら問題ねぇだろ？　景色変わるから見落としだけはないようにしなきゃいけないけど」

「ほれはだいひょうふれしょ？」

「こないだクレーム入ったからな」

「はれあほだしれすほー」

「だよな？」

頭がおかしくなりそうだった。リスニングしようにもスピードが早すぎた。せめてセンテンスで区切ってほしい。現地のネイティブな言葉はレベルが高すぎる。「あほだし」って何？

「らいりょぶれす。ほーははひざわはんがひるので」と僕は腿を摑まれて、心臓がぎゅっとなった。

「ははははっ」

「はははは」

僕も合わせて笑った。愛想笑いを連発したのでその日は頬が痛くなった。

これが「ゴミ屋顔」になる仕上げかなとも思った。ちょうど三年目の頃の話だ。

こうして並べてみると変わり者ばかりと思われるかもしれないが、決してそんなことなく、大半がまともな人だ。ちゃんと仕事をして優しい人ばかりだ。その中にたまに交じって個性的な人がいる。その人達だって仕事は真面目でいろいろ気を遣ってくれる。新しい人と組む時はびっくり箱を開けるようでワクワクする。なかなか普段暮らしていて、はひざわはんと呼ばれることはない。その日、二人にバレないように笑いを堪えていたら、腹筋がバラバラにぶっ壊れるかと思ったくらい可笑しかった。

これが面白いと思っている辺り、僕も感覚が麻痺してきているのかもしれない。

僕もこないだ面白半分で新しく入ってきた新人の兼業俳優さんに言ってみた。

「三年いたら根っこが『ゴミ屋さん』になるよ」

第十章

ゴミ清掃員、無法者を取り締まる

不法投棄、ダメ！　絶対！

一緒に怒ってほしいのである。

不法投棄がいけないことくらい下手したら中学生でも知っている。

『不法投棄』である。

「ゴミを勝手に捨てたらダメですよって知ってますか？　知ってたら手を挙げてくださーい」と一〇〇人の中学生の前で言ったら、恐らく一〇〇人の中学生が手を挙げる。

「そういう人がいたら何て思いますか？」と聞けば、きっと「大人として恥ずかしい」だとか「真面目にやっている人が馬鹿を見る」だとか、ちょっと賢い子だったら「ルールを守れないのならば与えられた権利は剥奪されても仕方がない」と言うかもしれない。

何を見たって、おっぱいのことしか考えられない思春期真っ只中の男子中学生だって不法投棄については冷静に、前述のことを言えると思う。言い終わった後にまたおっぱいのことを考えるだろうが、それは自由の国に生まれたのだから許してやってほしい。

悪ガキ以外の中学生でも、下手したら小学生でも守れるルールを守らない大人がいる。

しかも頻繁に。

だから一緒に怒ってほしい。

一度くらい見たことがないだろうか？

集積所に勝手にソファーが置かれていたり、そこそこ大きい間接照明が投げ捨てられていたりするところを。

粗大ゴミなら必ずシールが貼ってある。シールが貼っていない物のほとんどは、不法投棄だ。

きっと、置いておけばいつかは持っていくだろうと確信犯的に企んで、我慢大会をしているのである。勝手に大会を始めて楽しんでいる。絶対に持っていかないですけどね。

それこそ真面目に粗大ゴミの申し込みをしている人に申し訳ない。真面目にやっている人間が馬鹿を見る。そんな世の中にしないためにも、僕は絶対に持っていかない。折れていつか持っていくだろうと踏んでいるかもしれないが、絶対に持っていかない。

まぁでもその多くが許せないことに、引っ越ししてその場所から居なくなっている人だ。俺には関係ねぇと慣れ親しんだ街に唾をぶっかけて去るような下劣野郎なんて、我慢すらしていない。

きっと清掃業者の人間が、大家さんに番号を聞いて電話をしていることと思います。

お店やるならマナーを守って

百歩、いや千歩、万歩譲って個人の不法投棄ならば、こんな輩も世の中にいるんだなとまだ想像の範疇であるが、恐ろしいのが、店をやっていて不法投棄をする鬼畜営業野郎がいる。事業ゴミを、家庭ゴミのようにしれっと置いていくのだ。

これがたまにではなく、ちょくちょくあるから驚きだ。身の毛がよだつ。

事業ゴミは必ず、指定の方法で出さなければ違法です。

店をやるということは社会とかかわることだから、決められたルールはきちんと守らなければならない。でなければ営業する資格はないと僕は思う。

自分の店だけ寄ってらっしゃい、見てらっしゃいと愛想がよく、自分の得にならないことには後ろ足で砂をかける店が繁盛してはならない。

四リットルの大五郎（だいごろう）一〇本

僕は、ゴミを見ればだいたいゴミプロファイリングできる人間だ。

一日にゴミを何十、何百と見ているので、注意深く見ていなくても異質な物は違和感として勝手に体が反応する。凝視しなくとも何となく見ているだけで、何かおかしい物が入っていったぞと頭で考える前に停止ボタンを押している。

ことペットボトルのような無機質な資源だって、異質な物は体が反応する。

「いや、わかるよ！　表の居酒屋だろ？」

すぐにピンときた僕はボタンを押しながら、そこそこ大きい声で叫んだ。

「だね」。同僚も同意している。

バレバレだ。

家庭から出るペットボトルはたかがしれている。出ても三袋くらいなもので、コンビニに並ぶ商品が多い。二リットルの水なんてのもよく出る。

しかし目の前のゴミは明らかに異質だ。

一般家庭で四リットルの大五郎が一〇本も出るはずがない！

アルコール依存症でもこんなに飲まないだろう。

いや何よりの証拠は、ベタベタしていること。きっと油だ。キッチンの近くに酒を作る場所のパントリーがあるのだろう。だとすればそんなに大きくない個人の居酒屋だ。表の通りに個人経営の居酒屋が一軒ある。あそこだ!

というようにすぐに推測できるのである。

我々、清掃員は集積所だけでなく、その近辺の景色も把握している。どこそこにあれがあって、ここを曲がればこんな景色だというふうにその一帯を網羅している。そうしないと清掃員同士の会話が成り立たない。

「鉄塔のゴミ取ったっけ?」

「どっちのこと? 自販の方? 猫マンの方?」

「自販の方。さすがに猫マン取ってたら覚えているでしょ?」

この暗号のような会話を聞いた時に、すぐに景色を思い出せないと仕事にならない。逆を言えば景色を把握しているからこそ、この会話ができるのである。

ちなみに今の会話は「送電鉄塔のふもとの集積所のゴミを取ったっけ?」「ふたつあるけどどっちのこと? 自動販売機の横の集積所? 猫がいつもいるマンションのこと?」「自動販売機の方だよ。さすがにマンションのような大口の集積所のゴミ取ってたら覚えているわ！」という内容である。

話を戻せば、つまりここら辺で大量の酒のペットボトルが捨てられていたら、すぐにどこかわかってしまうということである。

目撃したという決定的な証拠もないので見逃したが、悪質な場合は、職員にいつでもチクる準備はできている。

そんなに目くじら立てるなよ、穏便に行こうぜ、滝沢よと言う人もいるかもしれないが、お店の不法投棄は重罪だ。廃棄物処理法違反という法律違反で五年以下の懲役もしくは一千万円以下の罰金なのである。これには未遂も含まれているので、国の本気度がうかがえる。当たり前だ。事業ゴミの不法投棄を許していたら、街はゴミだらけになってしまう。

バレないだろうと軽い気持ちでやっているかもしれないが、やるのであれば店を潰す覚悟が必要。そこまで人生をかけるべきことなのか考え直してほしい。プロのゴミ清掃員の手にかかれば、絶対にバレる。

みみっちくもその居酒屋は、自分の店の前の集積所に捨てるとバレると思ったのか、裏通りの集積所にこっそり捨てていた。よし、ここならバレないだろうと。

零コンマ何秒でバレたよ。瞬殺。

何度でも言うが、事業ゴミシールを貼らないで、集積所にゴミを置いた時点で法律違反。

ここは絶対に譲れない。

なんで譲れないか？　大量に捨てるから見破れない筈がない。舐められている。あいつら何カ所も回っていっぱいゴミを拾っているんだから、俺が捨てるのくらいわかりっこないという気持ちを持っているならば今すぐに捨ててほしい。不燃ゴミあたりで。そんな腐った精神燃えないでしょ？

無知はアウト！

他にも以前、こんなことがあった。

大きな発泡スチロールの箱に大量のゴミが詰められていた。それは構わないのだが、やたら重いので、中を見てみると大量の花の茎。ポップまで捨てられている。店確定。趣味で家に花を飾って、八百円とか書いたポップを貼らないでしょ？　どこにも事業ゴミシールが貼られていない。そして、ふてぶてしくも店の前の集積所に出している。シャッターが閉まっていたので、ピンポンを押す。

「すみません、こちらで出されたゴミですよね？」

「はい、そうです」。微動だにしない店主。逆に怖い。なぜ、清掃員の制服を着た男が訪ねてきているのに目が泳がないのだ？

「シール貼られてないみたいなんですけど」

「今日、産廃（産業廃棄物処理業者）が来ないみたいなんで出しちゃいました」

「シールがないと回収できないんですよ。家庭ゴミ回収なので」

「あ、でもここ住居としても使っているので」

アウトである。

赤っ恥をかくべきなのであろうが、店主は知らないので顔を赤くしようがない。店主は何が悪いの？　という顔をずっとしている。その間、ずっと無知という馬鹿レッテルを貼られているのに気づかない。可哀想なので言ってやった。

「お店と住居が一緒でも事業をしている限り、家庭ゴミとして出したらいけないんですよ」

ビビってたね。え、あー、あっそうなんですかと黒ぶちメガネを中指で上げながら、ゴミを引き取ってたね。

だって不法投棄だからね。重罪だからね。

たまたま僕だったからいいけど、知らなかったでは済まされない。お店をやる限り、社会と交わるのだから知っていなければならない。

こんなことがちょいちょいあるから信じられない。

お店をやっている方はもう一度、改めて見直した方がいいと思います。

バナナ大会が開かれた……のか

もちろん程度によりますが、悪質じゃない場合は目をつぶることもありますよ。

だってね、絶妙な、本当に絶妙な量のバナナの皮。

家庭では食べない量のバナナかな？　いや近所の子が一〇人くらい来たらこれくらい食べるかと思える程の量。数にして三房くらい。絶妙でしょ？　食べないことないでしょ？　子どもとかテンション上がったらバナナ大会とか言って、無理矢理口に入れては爆笑とかする生き物でしょ？　ホットケーキとか焼いてバナナとか乗せて食べているかもしれないし、実に微妙。まるごとバナナ屋さんとかあるとは考えにくいし、バナナダイエットしているＯＬが住んでいるかもしれない……。

オッケー回収！

そう納得させて裏通りを回収した後、大通りに出てみれば、生バナナジュース売ってはりますやーん！

おばあちゃん、甘味処を経営してますやーん。バナナジュース新発売させてはりますやーん。ミキサーでグジュグジュかき混ぜてはりますやーん！　おばあちゃん隙だらけですやーん！　何だったら一杯いかがですか？　と言い出しそうな勢いですやーん！　というか子ども達がやるバナナ大会ってなんですのん？　そんなんやるん？　まるごとバナナ屋ってなに？　あれそんな小規模でやる事業じゃないですのん？　バナナダイエットのOL言うてもそれだけバナナ食べれば太りますやーん？

ま、もう回収してボタンを押してゴミを押し込んだ後だから、仕方がないけれども、気をつけてね。怒られてからだと大変だからね。おばあちゃんの懲役五年は見てられないよ。一千万円の罰金は殺生だよ。運転手に今度、機会があったらそれとなく注意しておいてくださいねと小声で言って後を託した。

「何でダメなの？」

また、向こうから飛び込んでくるというあまりにもワイルドな人がいて、吹き出しそうになったこともあった。

その日は不燃ゴミを回収していて、ある地域を回っていたところ、クーラーと室外機を繋ぐホースみたいなものが小さく切って大量に出されていた。

これはムムと思い、辺りを見渡すとそれらしき事業の町工場がいくつもあった。数にして五、六軒。中を覗いてみても、どこも同じような工場だから特定できないなと思い、回収できませんというシールを貼って、その場を去ろうとすると後ろから大声。

「おーーい、これも持っていってくれーー！」

振り返ると、おじさんが工場から段ボールを持って出てきていた。おじさんは段ボールを天に突き上げている。不法投棄の方から飛び込んできた。きっとシールだって貼っていない。そんな人が僕を呼んでいる。工場から出てきたその足で僕の方に向かってきている。捕まりにきているのか？　いやいや、僕には逮捕の権限はない。

マジか！　と思う前に笑ってしまった。

「あれ？　これも持っていってよー」と置いていった事業ゴミを指さしている。

ダメだよ、ダメ。事業をしている人はちゃんとシールを貼らなきゃ。

「何でダメなの？」。おじさんは全く悪意なく、どうして持っていかないのか教えて

お〜い!!

ほしいといった子どものような目で僕を見る。

僕がひと通り説明すると、じゃどうしたらいいの？　と純粋な質問をしてくる。まるでどうしたら動物園に連れていってくれるの？　と聞く子どものようだ。

産廃に頼むのが一番いいのでは？　と返すと、じゃ産廃の電話番号を教えてくれと言う。皆さんもわからないと思いますが、産廃の番号を教えてくれと言われても、いろいろな会社があるから僕から教えられないのだ。専門外だし、そもそも自分で選ぶものだから。

僕は会社に若い人がいるかどうかを聞いて、きっとその若者はインターネットの使い手だからすぐに見つかると伝えて去った。

これまで見てきた不法投棄のほとんどに、僕の心は怒りで満ちたが、そのおじさんだけは特例だった。特例中の特例で笑ってしまった。やはりゴミ回収は人の手で行うものだけに、許せる感情と許せないものが出てくる。

いまだにおじさんの「おー――い！」が耳から離れない。

ある日の滝沢さん

シャワー浴びたから太田プロライブに行こう！　ゴミ汁掛かったけど、もう臭くないよ！

第十一章

私、ゴミ清掃員が日本の未来に物申します

減量化って進んでいます？

いえいえ、言わせて下さい。

いいんですいいんです、僕の方から言いますので、ゆっくりして下さい。

ゴミ清掃界の若手の僕が言った方がいいのです。

先輩方の努力は並大抵のものじゃないですから、本も終盤になってきたここで聞いてもらった方がいいと思います。

では、不肖滝沢がゴミ清掃界を代表して言わせていただきます。

世間一般で言われている『ゴミの減量化』。

誰もが一度は聞いたことがあると思いますが、まだまだ浸透していないんだなぁと実感します。

粗大ゴミ中継所に行けば、毎日毎日よくもまぁ大量のゴミが排出されると思うし、まだまだ使える物がゴロゴロ転がっています。可燃ゴミを回収すれば、これだけの食べ残しが手つかずのまま捨てられているのかい！　というのを目の当たりにする。袋から出されていない新品の自転車を回収したこともある。箱から出されていないたこ焼き器が不燃ゴミの日に出されていましたが、フリマアプリに出せば喜ぶ人もいるだろうと思います。

もちろん仕事なので回収しますが、この国は物で溢れ返っているんだなと心底思います。

ずっと続く不景気の中、これだけのゴミが出るならば、質は一旦、置いておいて見方によっては豊かな国だ、と言い切ってもいいのではとさえ思う。

ゴミの量が減れば、僕らの仕事が楽になるから、そうしてくれと言いたいわけではないのでございます。

異常だからです。

もはや怖いと言っても過言ではありません。

知ってましたか？　日本はあと二〇年でゴミが捨てられなくなることを。

僕はびっくりしました。恥ずかしながら、ゴミ清掃員になるまでそんなこと知りませんでした。全く。チラリとも考えたことがありませんでした。考えたことはないけど、何となくゴミというものは、永久に捨てられるものだと思っていました。ほんとお恥ずかしい。冷静に考えたらそんな訳ないんですよね。消えてなくなる訳じゃないんですもんね。

世界一、ゴミだらけの日本

子供にゴミはどこに行くと思う？　と聞くと清掃車が持っていくと答えます。じゃ清掃車はどこに行く？　と聞くと清掃工場に持っていくと答えます。清掃工場でゴミをどうするの？　と聞けば、燃やすと答えます。じゃその後は？　と聞くと誰も答えられない。そうなんです。ゴミは燃やせば消えて無くなると思っているんです。魔法のように。手品のように。この世から消えて無くなると思っています。

そんな訳がないのです。

ゴミを燃やしたら、灰が残るんです。

この灰が厄介なんです。

詳しくは後述するので、その時に改めて腰を抜かしてほしいのですが、灰、もしくは不燃ゴミを砕いたものを最終処分場に埋めます。

この最終処分場の残りの寿命が、全国で平均するとあと二十二・四年なんです。脅しじゃありません。ちゃんと環境省のホームページに堂々と明記されているのです。難しい言葉で書かれていますが、簡単に解説すると、厳しいよー、新しい処分場確保できないよーと書かれています。

この本を読んでいる方が、例えば二五歳だとするなら、五〇歳になる前には、もうゴミが捨てられない国になっているのです。

灰ってそんなに場所取るの？

それほど燃やしているんです。めちゃくちゃ燃やしています。燃やさないと日本はゴミで埋まるから、必死になってゴミを燃やしています。

日本のゴミ焼却炉の数は一〇五六基。僕がゴミのことを調べ始めた頃は、一二四三基だったので、次第に減ってはきていますが、それでも世界の焼却炉の七割〜八割は日本にあると言われています。圧倒的。そりゃもう他の追随を許さないそのぶっちぎりの様子は、Ｖ９時代の巨人かい！　と他国にツッコまれているかもしれません。

親の仇（かたき）を討つように、日本は三六五日、二四時間、一〇五六基の焼却炉で燃やし続けています。それだけ必死こいて燃やし続けないと日本はゴミで埋まってしまうから、おじさん達が交代で燃やし続けます。

日本では当たり前のように燃やしているゴミですが、世界ではスタンダードではありません。じゃ他の国はどうしているの？　と聞かれれば、例えばゴミ総排出量一位のアメリカ。アメリカはどうしているのかと言えば、何と言っても、強みは広大な大地。
州によって、すごく先進的なリサイクルを実践しているところもありますが、広大な土地を利用して、そのまま分別しないで埋めるところもあるそうです。（それが良いことだとは思いませんが、コストや人件費など総合して考えた時に埋めた方がいいという判断でしょう）

アメリカはそれでいいかもしれませんが、日本はそうもいかない。

狭いのです、日本は。残念ながら、猫の額。嘘じゃなくて。

日本は新たな埋立地を作ることが非常に難しいのです。嘘じゃなくて。本当に。もう一回言わせてください。猫の額。

中にはもっと埋立地を増やせばいい、何とかなるだろ、と主張する人がいるかもしれませんが、こと東京に関して言えば、これ以上埋立地を増やすと東京湾が貿易港として成り立たなくなるそうです。

これは東京湾だけの話ですが、僕の調べる限り、どの県も埋立地が残り少ないからリサイクルをしましょうと呼び掛けています。なぜかと言うと住民反対運動などで処分場を確保するのはとても難しいことなのです。もちろん反対する住民さん達が悪いとは思いません。誰しもが明日からお宅の隣、最終処分場になるよと言われたら嫌だと言うに決まっています。人はキレイごとだけでは生きていけません。ではどうするか？　ゴミを減らして処分場の寿命を延ばすしかないのです。

驚くほど出続けるゴミ

そんな状況を知っている僕は、ゴミ回収をしているとただただ恐ろしい。

毎日毎日驚くほどに出てくるゴミを見て怖くならない人はいません。冷蔵庫の中身を気分転換に一気に変えようと思っているのか、食べ物がどっさり捨てられているのも見かけます。

ゴミ清掃員になってでしばらくした時に、僕は冗談でベテラン清掃員に「日本ってゴミで埋まらないんですかね？」と聞くと、ベテラン清掃員はさも当たり前のように「あー、埋まるよ」と答えました。

「まぁね、そりゃ埋まったらたまらないから、ちゃんと対策もしているんですね……え――――！　今、埋まるって言いました？　日本ってゴミで埋まるんですか？」

さも当たり前のように、「埋まる」と言ったベテラン清掃員の言葉を聞き流しそうになった。

「何だよ、うるさいな。そりゃ埋まるに決まってるだろ。だってチューボー（中央防波堤埋立処分場）の寿命はあと五〇年だろ？」

「チューボーってなんですか？」と聞いたのがきっかけで、僕はゴミについて色々と調べるようになった。

東京の五〇年はまだもつ方です。

寿命が残り少ない所は一〇年という所もあります。

もう一度、言います。最終処分場残余年数は全国で平均すると二〇年ちょっとです。二〇年ちょっとで日本はゴミで埋まります。

しかしそうはさせないと何年も何十年も前から、ゴミ問題と必死に向き合っている研究者や環境問題に取り組んだり、気付いてもらおうと一生懸命、周知活動をしているおじさん達のおかげで、本当に少しずつですが、最終処分場の寿命が延びています。

頑張ってくれたのにおじさんは失礼か？　いや、おじさんでいいよね？　こんな大きな仕事、そこらの若者に任せられる簡単な仕事ではないもんね。

おじさん達が未来の若者のために残した、大きな功績だと僕は心から思っています。

おじさんがそんなに頑張ったのに、若者が、「清掃員のおっちゃん達が持っていかねぇから燃えないものだけは不燃で出してやっけど、あとは分別しねぇで燃えるゴミでいいだろ？」とか、年輩でも意識が低く、「袋の真ん中に詰めておけば缶でもビンでも持っていくだろ？」と考える人がいると思うと、本当に悲しい気持ちになります。

焼却炉の中から漬物石やレンガが出てきたという話すら聞いたことがあります。

灰から石を作るゴミ処理技術

ではどうやって寿命を延ばしたのか？　その話をしたら、少しはゴミのことを考えてくれますか？

僕が子どもの頃は、ビデオテープなどのプラスチックは燃えないゴミでした。プラスチックを燃やすと有害なガスが出ると言われていたので、燃やすことができなかったのです。しかし時は経ち、研究者達のおかげで焼却技術は上がり、高温で処理すれば有毒ガスが出ないことがわかり、今まで不燃ゴミだったものを燃やしてゴミを減らしてきました。もちろん微かな有毒ガスは出ますが、工場内で綺麗な空気に変えてから排出します。

今まで不燃で出されていたゴミは燃やせるようになりました。様々なゴミは焼却することにより灰になり、元々の大きさの二〇分の一になりました。

それを埋立地に運びます。

埋立地は基本、不燃ゴミを粉砕したものと、可燃ゴミを焼却して処理した灰で埋め立てられます。

不燃ゴミは細かく砕いて、鉄やアルミを取り除き、どうしても資源とならないものを仕方なく埋めます。

そして焼却技術の向上でそれまで不燃だったプラスチックは可燃として出せる地域が増えたので、そこの不燃ゴミは減りましたが、それでもまだまだゴミは減りません。

毎日、毎日次々と運ばれてきます。正気の沙汰とは思えません。

当時のおじさん達はまた頭を悩ませました。

燃えるゴミで処理した灰をどうにかできないだろうか？

研究に研究を重ねておじさん達はその灰にガスと電気を使って一三〇〇度の熱を加え、スラグ化に成功しました。

スラグ化とは灰を原料に人工的な小さな石を作り出す技術です。元の大きさの四〇分の一になりました。この人工的な石は人体に無害だと証明されたので、アスファルトに混ぜたり、建設用の二次的なコンクリートに混ぜて再利用することが可能になりました。

不燃ゴミがどうにもならないのならば、灰を何とかしようという執念にも怨念にも近い粘り強い研究でゴミを減らすことができ、ここまでたどり着いたのです。そして今では灰をコンクリートにする技術もあります。全ての灰をそうすればいいじゃないかと言うかもしれませんが、リサイクルはとてもお金とエネルギーがかかるのです。全部はできません。

しかし忘れてはいけません。

あと二十二・四年なのです。

ここまで努力をしてもあと二十二・四年しか埋立地はもちません。短い県ではあと一〇年。

恐ろしいことにそれ以降は何も決まっていないのです。この後どうしようかで止まっているのです。誰もがどうしたらいいかわかっていないのです。

これだけ対策をしてもあと二十二・四年なのです。なのでもっと騒いでいいことだと思っています。誰も何も言わないので恐くなってきます。皆、誰か偉い人が何とかしてくれるだろうと思っています。もう偉い人が何とかしようとした結果が二十二・四年なんです。企業でさえゴミ問題を考えていないところがあります。皆が、一人一人が自分の事ととらえてほしいと思います。

ゴミ先進国

もちろん本来はゴミ先進国のスウェーデンのようになれば一番いいとは思います。思いますが、そう簡単にはスウェーデンにはなれないのです。

ゴミのメジャーリーガー、スウェーデンでは国をあげてゴミと向き合っているので、むしろゴミ不足に陥っているという話です。ゴミ不足って何？　と日本人の僕にはとても不可解な状況でありますが、スウェーデンでは、ゴミをエネルギーに変換しているので燃料のゴミが無くなっている、というから小便チビりそうになります。さらには、近隣国からゴミを輸入しているというので、泡吹いてぶっ倒れそうになりました。

そして元々のゴミが少ない。

そのからくりを説明すると、商品を作り出す企業がゴミまで責任を持たなければならない法律が、スウェーデンにはあるのです。

リサイクル、廃棄に関わる費用を全て負担しなければならないので、余計なゴミが出ないように企業努力をして、売る段階でゴミになりそうなものは除去するようにしているそうです。

それでも出るゴミすら極力再利用して、ゴミを出さないように心掛けた成果として、恐ろしい数字を叩き出しているのです。

埋立地に埋めるゴミの量は、排出されたゴミの一％しかないという驚愕の数字。スウェーデンだけではありません。デンマークも国をあげて努力している。使い捨ての皿やスプーンに三〇％の課税をかけている。なのであまり消費されない。余計なゴミを出さない努力を国が率先して行っているので、日本人には驚きです。じゃ日本もこれをパクればいいという訳にはいかない。酷な話。高い壁がいくつもある。

飲食業の廃棄や安い物を買ってすぐに捨てる消費者の習慣、必要以上の包装紙、どうせ税金を払っているのだからゴミ清掃を利用しなければ損という錯覚などなど、またまたV9時代の巨人のような屈強なメンバーが名を連ねているのです。誰が四番を打っても遜色ない。誰が王で誰が長嶋かだけの話。

安物買いの即捨て習慣

ざっとであるが、簡単に説明するなら、まず飲食産業の廃棄。

一〇年前、僕は居酒屋に勤めていた。

そこでは毎日宴会が繰り広げられ、沢山の手つかずの食べ物が廃棄されていた。食べもしないのに、あれば誰かが食べるだろうと無茶苦茶な注文を毎日承った。案の定、泥酔した客は箸をつけないまま、ばか騒ぎをして帰っていった。店は儲かるが、僕は、帰る間際は注文しないでテーブルにあるものを食べていけばいいのにと思っていた。もちろん箸をつけていないが、他の客に出すわけにはいかずにそのままゴミ箱。それが毎日。多分、僕が働いていた店以外にも全国の居酒屋でそういうことが行われている。きっと今も。

何も居酒屋だけではなく、回転寿司で誰も取らなかったお寿司やハンバーガー屋さんで作り置きしていたもの、コンビニ弁当の廃棄などは同様の行為。それで店が大きくなっていったのだから、一概に悪いとは言えないが、ことゴミ問題に関して言えば脱却するべき問題だと思う。

安い物を買って、すぐに捨てる習慣が根付いていることは、この一〇年間ゴミを見続けてきて充分理解した。ゲボが出そう。この世は安い物で溢れ返っている。洋服からおもちゃ、一〇〇円ショップの品物の数々、激安食品などなど、高そうではない物を毎日見かける。それ自体は悪いことではない。だけどきっと、安いからといって余計な買い物までしているのではないのだろうか？　と感じてしまう。もしくは安いから大切に扱っていないのか、まるで買ったばかりの物を捨てているように見える。お金を出してゴミを買っているように見える。

そして過剰包装。

お土産に羊羹をもらったとする。

まず紙袋から取り出す。そして包装されている紙を剥がせば、箱が出てくる。箱を開ければ、ひとつひとつ密封されている羊羹が出てきて、ビニールで包装されているものを開けてようやく羊羹に辿り着く。羊羹に辿り着くまでに、四つの包装を剥がさなければならない。冷静に考えてみれば異常以外の何ものでもない。

ヨーロッパでフランスパンを買ったら紙切れ一枚渡されおしまい、というのも極端だが、いくら何でも神経質過ぎるのではないかと思ってしまう。

そして、税金を払っているのだから大いにゴミ清掃を利用した方がいいという錯覚。

ゴミを何でもかんでも出した方がお得感があるというのは年輩の方に多い。

どうせ金を取られているならば出さなきゃ損と思ってしまうのだろう。

ゴミ清掃に使われる税金はもちろん人件費に使われる。しかし本当に多額の税金を投入されるのは、ゴミを捨てた後の処理であることはあまり知られていない。

埋立地に降る雨は、ゴミを通して汚水になる。その汚水を基準値まで綺麗にしてから処理施設に流す。そうしないと公害になる恐れがある。この汚水を綺麗にするのに、東京の場合、年間約二五億円かかると言われている。ゴミが多くなればなるほど、税金は注ぎ込まれる。だからゴミを出せば出すほど、税金が必要となる。

これだけの問題を抱えて、すぐにスウェーデンになりたいなんてムシが良すぎる。ひとつひとつ解決していかなければならない。

日本がゴミ問題を意識し始めたのは、ここ数十年。スウェーデンは一〇〇年前から取り組んでいる。

個人でできることを

僕たちにはできることは沢山あります。

皆さんにやっていただいたら我々、清掃員が喜び、かつ未来の環境を少しでも綺麗なものとして子ども達に渡せる。何だあいつら汚くして俺らに渡しやがってと言われたら恥ずかしいでしょ？　できる方法は、この本で何度も言ってますが、改めて言います。

まず一つ目。

リサイクルをして、ゴミを減らすこと。

簡単な話、ペットボトルはペットボトルの日に出すというとてもシンプルなこと。そして、できればキャップを外し、ラベルを剥がしてプラスチック資源に出していただければ、これ以上嬉しいことはないです。

そして缶は缶、ビンはビンの日に出して不燃ゴミに出さないこと。段ボールは段ボールの日に出す。通販で届いた箱にはビニール袋が付いていることが多いので剥がして、これまたプラスチック資源として出す。ここまではやってらっしゃる方は大勢いると思いますが、雑がみを分けてくれるとすごく助かります。雑がみとはノートやメモ帳、カレンダー、お菓子の箱包装紙などなど紙は何となく、可燃ゴミに入れてしまいがちですが、実はこれをまとめて、古紙の日に出すとまた紙に生まれ変わります。これだけでもだいぶゴミが減ります。可燃ゴミに入れて燃やしてしまえば、灰になり、本当のゴミになってしまいますが、資源として紙を出せば、再び紙として使われることになります。気持ち一つでゴミになるか資源になるかで真逆の行為になるので、是非、資源として出してくれると嬉しいです。こうすれば使える物は再利用可能となって社会貢献となります。ゴミを分けるだけで、社会のためになるのです。

二つ目。

買う前に本当に必要なものかもう一度、思い返すこと。そして必要だと思って買ったなら大事に使うこと。

先人の時代は消費する時代でした。とにかくありったけ物を買いあさる時代でした。でも僕はその時代は終わったと考えています。とても古い考えでダサいとさえ思っています。

僕らの時代は、買う時に捨てることを考える時代にしませんか？

僕らは後の世代のことを考えられる権利を持った世代です。これは権利です。

単純なことでいいと思います。お店でもらうおてふきひとつにしたって、必要なかったら貰わなくていいのではないでしょうか？　大事なのは、本当に必要か？　と考えることだと思います。

三つ目は、この本では初めて言います。

生ゴミの水分をなるべく切ってください。

生ゴミの八〇％が水分です。水分が少なければ少ないほど、清掃工場で可燃ゴミがよく燃えて、燃やすためのエネルギーが少なく済みます。そして何よりゴミの量が減ります。燃えない時は、そこにエネルギーを足しますが、そのエネルギーが皆さんのます。

税金なのです。なので、皆さんがギューッとひとしぼりすれば、無駄な税金を使わなくて済むし、余計なCO_2が排出されないので、環境に与えるダメージが少なくなります。

以上三つのことを、ストレスにならない程度に協力していただけるだけでも、何だったら心に留めておくだけでも構いません。できる日がやってきたら協力するだけでも、未来のゴミ業界は変わってくると思います。

国が強制的に介入するのって嫌じゃないですか？　ゴミ回収有料化、違反者には罰金、割り箸一膳三〇〇円、紙皿五枚六〇〇円、袋に名前を書かなければ回収不可。

何ですか、この未来？

管理されなければできない恥ずかしい世代になんてなりたくない。個人で意識してやろうと思えばできる、見本の世代でありたいと僕は思います。

一〇〇％は無理だとしても、少しでも理想に近づき、ゴミのことを個人できちんと考え始めた最初の人達と、後々言われるようになれたら、こんな素晴らしいことはないと思います。

最後に、東京・国立市のホームページで僕が感銘を受けた言葉を置いて、話を終わりたいと思います。

「買いすぎない」
「作りすぎない」
「食べ残さない」

これからの未来はこの言葉が大切になってくると思います。
ゴミ清掃の先輩、冒頭で書いた通り、言いたいことを言いましたよ！

＊参考資料　２００８ ＯＥＣＤ、東京都環境局
「東京都廃棄物埋立処分場」２０２２、環境省
ホームページ「各国の一般廃棄物処分状況」

あとがき

滝沢の子供達は現在、一〇歳と六歳になっている。

いつまで経っても子供達はパパをおもちゃ代わりに扱い、遊べ、遊ばねばスネてやるぞと半ば脅迫に近い遊戯のお誘いを受けている毎日だ。

有り難い。一切合切が有り難い。

それもこれもゴミ清掃と出会い、働かせてもらったお陰で子供達がすくすく育っている。

そして生活費だけではなく、仕事を通し何十、何百という清掃員や運転手、運行管理や住民さんと出会い、様々なことを教わった。

人の思いやりや優しさに触れると即そこが自分の居場所に早変わりする一方、世の中は綺麗事(きれいごと)だけではなく、時には衝突や圧迫が自分を見つめ直すきっかけとなることも教わった。

そして何よりも僕が幸運なのは、お笑い芸人も続けさせてもらったことだった。そのお陰でそれまで触れたことがなかった人の温かみというものにはじめて触れた。

特に事務所の先輩・有吉弘行さんが背中を押してくれなければ、僕は永遠にこの本を出すことはなかったと思っています。そしてどこの馬の骨かわからぬ有象無象の一部である滝沢の本の帯を引き受けてくださった伊集院光さんの懐の深さがとても沁みました。

『心から感謝申し上げます』ってやつはただの定型文かと思っていた。四六歳になってやっと心から言えるようになりました。

というか四〇歳を超えた辺りから急に勉強することがぐーんと増えたような気がします。何か知れば知るほど、俺、なーんにも知らないんだなーと思うようになりました。なんだっけ、コレ？　論語だっけ？　知らないことを自覚することが第一歩的なことを言った偉い人がいたでしょ？　誰でもいいや、芯食ってくるね。

そうなんですね。僕は知らないことを知るということをゴミから教わりました。

そして今、現在もゴミで人間を教わっています。一日、何百、何千というゴミを眺めていると思うことがあります。

──ゴミはその人自身──

あー、この人は現在、こういう状況に置かれているんだなー、なんて思いながらゴミを投入口に放る。

「この人は優しい人だな〜」「自分以外のことは何にも考えていない人だな」「忙しいんだな、この人、精神状態ギリギリじゃん」「悪気はないんだけど、ちょっとおっちょこちょいなのかな」

こんな具合なので、たとえ分別していなくても、怒りとかじゃなく心配が先に立つことがあります。不思議なものです。同じ分別していないゴミでも片方はムカつくのもあれば、もう片方はこの人、大丈夫かなと心配になる。ゴミを通して気持ちが伝わってくることもあるのかもしれません。大丈夫かな、この人、こんな生き方していて、どこかで大きな失敗しないかな？　本人、気付いているのかな？　教えてあげたいな〜、でも突然、清掃員がピンポンとチャイム押してきて、「ゴミを見て、精神状態が心配になりましたので、お訪ねしました」と言ったら、詐欺か何かのやばい奴だと警戒するも、金品奪い取ろうとする気配もなく、「お気をつけください」と言って帰っていくので、きっと腰を抜かす。なのでピンポン押したい衝動を僕は必死で抑えている。

でもこれは大袈裟な話かもしれないが、あながち的外れでもないと思うのが、僕がゴミ清掃員になった一〇年前、周りの芸人友達が分別してくれるようになったことだ。聞くと「滝沢が回収するかもしれないから分別を意識するようになった」と言う。この時に僕は、そうか、これが顔の見える社会なのかと思った。どこの誰が回収しているかわからないから別にいいっかと思っちゃうんだろうな。いや、それすらも考えていないのかもしれない。不燃ゴミを持ち上げた時に何も包まれていない包丁が袋を破って足の甲に落ちたことがあった。たまたま持ち手の方が下向きで落ちたから良かったが、キラリと光る鋭利な尖端の方が甲に落ちていたら大変なことになっていた。極端な話、自分の子供や友達がゴミ清掃員になったとしたら、そんな出し方をしないと思う。

今では太田プロも滝沢が所属しているならば、ペットボトルのラベルやキャップくらいはちゃんと外さなきゃなということで社員さんが皆、外してくれている。

一切合切が有り難い。

そう考えてみると突然、ピンポン、ゴミを見たのですが、精神状態大丈夫ですか訪問は、確かに問題あるかもしれないが、人と人が顔見知りになるということはとても大切で、僕は通行人になるべく挨拶をしている。ゴミ捨てる時に、「そういえば今朝、清掃員がでっかい声で挨拶してたなー」と一人くらい思い出してくれたらラッキー。ゴミ出しを気をつけてくれるかもしれない。

そんな僕も私生活ではゴミを回収してもらっているので、きちんと分別している。

そしてなるべくゴミを出さないように本当にコレいるかな～と考えるようになった。生ゴミの汁を絞っていたが、生ゴミ自体がどうにかならないかなと思うようになり、黒土コンポストを始めた。生ゴミを黒土に混ぜていると微生物が生ゴミを食べてくれるので、この世から生ゴミが消えるというものなのだが、ひとつひとつ分別して、ゴミを減らしていると、何かすごく丁寧に生きているなあと感じることがあります。

そう考えるようになったのもあの時、九社、バイトに落ちたおかげかもしれないと今では思っています。

あの時は人間失格の烙印でも押されたが如く、落ち込んだが、どこかに受かっていたらゴミ清掃員にならなかったし、長い目で見ると何が幸せで何が幸せじゃないかなんて僕みたいなしょうもない人間が判断するもんじゃないなと思いました。ただひたすらに目の前のことを一生懸命やるしかないのだから悔やむな、喜ぶな、ということなのかもしれません。

何かをやろうとする気持ちさえ忘れなければ、何がどうなるかわかりませんね。友達に電話してゴミ清掃員になったこともそうだし、SNSでゴミ清掃員のあるあるを思いつきでつぶやいたら、有吉さんに後押ししていただいたこともそうだ。

全て自分の力ではなく、一〇〇パーセント人のお陰だが、今、ふと思う。

ひょっとして何もしないと周りは助けるにも助けようがないのではないか説。

こっちが電話して仕事ないか？　と聞いてゴミ清掃員になった。友達からゴミ清掃員にならない？　と電話してくることは恐らくなかったと思う。

なので何かをしようという気持ちは無くさないで生きていこうと思います。

この本が出たのは今から四年前の二〇一八年だった。

当時、六歳の息子は、ゴミ清掃員と芸人の二つの職業を持つ親父の背中を見て、「大人になったらゴミ清掃員ともうひとつ何やろうかなー」と独り言を言い出した。意味がわからなかったので、父親の僕はそのまま聞き流した。

すると息子は突然、りんごが落ちた時のニュートンみたいに「決めた！　ゴミ清掃員とプロ野球選手になる」と叫んだ。なるほど。何の説明もしていないから、そう思うのも無理はない。今日、ゴミ？　ライブ？　と出掛けに聞いてくる息子は世のお父さんは二つ仕事を持たなければならないと思っている。そのうちのひとつにゴミ清掃員を選ぶとして、もうひとつを悩んでいた。なるほど。そう来たか。プロ野球選手。

ただその夢を壊すことは良くない。何かをやろうとしているなら有吉さんが僕にしてくれたみたいに、僕も息子を応援しよう。

「デーゲームは厳しいかもな。でもナイターだったらイケるかも。昼間は清掃員で、夜はプロ野球選手。大谷(おおたに)選手も二刀流だしな。ゴミ清掃員とプロ野球の二刀流は相当ハードル高いけど、可能性はゼロじゃない。まずは指名してもらわなきゃだから毎日バットを振ろうぜ！」

牛乳店経営とプロ野球選手の二刀流だった板東英二(ばんどうえいじ)さん以来の異業種二刀流だ。バッターじゃないな。ローテーションピッチャーじゃなきゃその夢は叶(かな)わないと思い、投げ方を教えていたが、今ではアニメ大好き小学生に成長している。

いや、まだまだ三刀流もあると思っている。ゴミ清掃員とプロ野球選手とアニメ制作会社勤務。

下の娘はアイドルになりたいそうで、三刀流の兄の話は充分なネタになる。

「兄はプロ野球のローテーションピッチャーでありながら、ゴミ清掃員もやりつつアニメ制作会社で働いています」

うん、充分、話題になる。ま、すくすく育ってくれれば何でもいいけどさ。

出産費どうにかして、と言った奥さん、ありがとう。本当は僕はぐうたらな人間です。何かをしようと動かしたのは奥さんでした。長生きしてください。

読んでくれた皆さんもありがとうございました！

皆も長生きしてね！

文庫化するにあたって、心血を注ぎました。

再版なので寝ながらチョチョイと修正すればおしまいでしょ？　楽な仕事だよと思っていたら、文字通り血のように真っ赤の赤字修正となりました。

今できる全ての努力をこの本に注ぎ込みました。

楽しんでくれたら滝沢は飛び跳ねて喜びます。

皆も飛び跳ねてくれたら嬉しいです。

本書は、二〇一八年九月に白夜書房より刊行された
単行本を加筆修正のうえ、文庫化したものです。
あとがきは本書のために書き下ろされました。

このゴミは収集(しゅうしゅう)できません

滝沢秀一(たきざわしゅういち)

令和４年 11月25日　初版発行

発行者●山下直久

発行●株式会社KADOKAWA
〒102-8177　東京都千代田区富士見2-13-3
電話　0570-002-301（ナビダイヤル）

角川文庫 23409

印刷所●株式会社暁印刷
製本所●本間製本株式会社

表紙画●和田三造

ISBN 978-4-04-112735-3　C0195

◇◇◇

角川文庫発刊に際して

角川源義

第二次世界大戦の敗北は、軍事力の敗北であった以上に、私たちの若い文化力の敗退であった。私たちの文化が戦争に対して如何に無力であり、単なるあだ花に過ぎなかったかを、私たちは身を以て体験し痛感した。西洋近代文化の摂取にとって、明治以後八十年の歳月は決して短かすぎたとは言えない。にもかかわらず、近代文化の伝統を確立し、自由な批判と柔軟な良識に富む文化層として自らを形成することに私たちは失敗して来た。そしてこれは、各層への文化の普及滲透を任務とする出版人の責任でもあった。

一九四五年以来、私たちは再び振出しに戻り、第一歩から踏み出すことを余儀なくされた。これは大きな不幸ではあるが、反面、これまでの混沌・未熟・歪曲の中にあった我が国の文化に秩序と確たる基礎を齎らすためには絶好の機会でもある。角川書店は、このような祖国の文化的危機にあたり、微力をも顧みず再建の礎石たるべき抱負と決意とをもって出発したが、ここに創立以来の念願を果すべく角川文庫を発刊する。これまで刊行されたあらゆる全集叢書文庫類の長所と短所とを検討し、古今東西の不朽の典籍を、良心的編集のもとに、廉価に、そして書架にふさわしい美本として、多くのひとびとに提供しようとする。しかし私たちは徒らに百科全書的な知識のジレッタントを作ることを目的とせず、あくまで祖国の文化に秩序と再建への道を示し、この文庫を角川書店の栄ある事業として、今後永久に継続発展せしめ、学芸と教養との殿堂として大成せんことを期したい。多くの読書子の愛情ある忠言と支持とによって、この希望と抱負とを完遂せしめられんことを願う。

一九四九年五月三日

角川文庫ベストセラー

岡本太郎の眼
岡本太郎

自分の眼で世界を純粋に凝視し、猛烈に働きかけ、体当たりする。そして現実を見すかし、現実の秘密を激しくえぐる。自分の生きるスジはだれにも渡してはならない。今をどう生きるかを問う、太郎の人生哲学。

下に見る人
酒井順子

人が集えば必ず生まれる序列に区別、差別にいじめ。時代で被害者像と加害者像は変化しても「人を下に見たい」という欲求が必ずそこにはある。自らの体験と差別的感情を露わにし、社会の闇と人間の本音を暴く。

バブル・コンプレックス
酒井順子

それは「企業のお荷物」なのか、「時代の道化役」なのか、「昭和の最下級生」なのか、「消費の牽引役」なのか。バブル時代に若き日を過ごした著者が自身の心身に染み込んだバブルの汁を、身悶えしつつ凝視！

この世でいちばん大事な「カネ」の話
西原理恵子

お金の無い地獄を味わった子どもの頃。お金を稼げば自由を手に入れられることを知った駆け出し時代。お金と闘い続けて見えてきたものとは……「カネ」と「働く」の真実が分かる珠玉の人生論。

老いと収納
群ようこ

マンションの修繕に伴い、不要品の整理を決めた。壊れた物干しやラジカセ、重すぎる掃除機。物のない暮らしには憧れる。でも「あったら便利」もやめられない。老いに向かう整理の日々を綴るエッセイ集！